走向低碳时代
建设美丽中国
——社区志愿者参考图册

李皓　编著

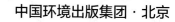

中国环境出版集团·北京

图书在版编目（CIP）数据

走向低碳时代 建设美丽中国：社区志愿者参考图册 /
李皓编著 . —北京：中国环境出版集团，2022.1
ISBN 978-7-5111-4953-4

Ⅰ. ①走… Ⅱ. ①李… Ⅲ. ①环境保护—图集 Ⅳ. ① X-64

中国版本图书馆 CIP 数据核字（2021）第 219074 号

出 版 人	武德凯
责任编辑	易 萌
责任校对	任 丽
封面设计	彭 杉

出版发行　中国环境出版集团
　　　　　（100062　北京市东城区广渠门内大街 16 号）
　　　　　网　　址：http：//www.cesp.com.cn.
　　　　　电子邮箱：bjgl@cesp.com.cn.
　　　　　联系电话：010-67112765（编辑管理部）
　　　　　　　　　　67112739（第三分社）
　　　　　发行热线：010-67125803，010-67113405（传真）
印　　刷　北京中科印刷有限公司
经　　销　各地新华书店
版　　次　2022 年 1 月第 1 版
印　　次　2022 年 1 月第 1 次印刷
开　　本　787×1092　1/16
印　　张　9.75
字　　数　180 千字
定　　价　65.00 元

中国环境出版集团郑重承诺：
中国环境出版集团合作的印刷单位、材料单位均具有中国环境标志产品认证；
中国环境出版集团所有图书"禁塑"。

前 言

建设美丽中国是中国人民的梦想，而中国目前的环境状况离美丽中国的目标还有距离。

社区是构成城乡人居环境的单元，要成为环境质量过硬的国家，每个社区都应带动居民遵守环保法规，并尽自己的力量去减少排放、美化家园。所以，实现美丽中国的目标需要千万个城乡社区的参与，而社区志愿者在调动居民参与方面有着独特的影响力。

在普及环保知识的过程中，笔者了解到：道理简明、省钱省力的环保方法最受公众的欢迎。基于此，笔者编写了本书。本书使用简短的文字和直观的图片（主要为笔者自拍）将保护环境、可持续发展、低碳知识、宜居传统、居家卫生、环保生活、绿色公民等基本理念和实际操作介绍给读者，也介绍了居民能为提升社区的环境质量做哪些事。

热爱家园是社区管理者和居民共同的情感，为建设宜居、低碳的绿色社区，社区志愿者能发挥多方面的作用。但重要的是：志愿者们要掌握基本的环境保护、可持续发展、低碳、卫生、绿色的科学知识，要能引导居民去自主创建健康型的绿色生活模式，要能带动居民去参与建设绿色社区的实践行动，从提升居住环境质量的角度来促进美丽中国大目标的实现。

李 皓

2021 年 1 月 18 日

目 录

1

保护环境，以行动促进可持续发展

　　"保护环境"的口号我们已不再陌生，但它的具体内容是什么？为什么每个公民要了解并关注可持续发展？联合国对可持续发展提出了什么样的全球行动目标？中国如何参与？我国目前的生态环境状况如何？建设"美丽中国"还需要我们做哪些努力？读一读、看一看本章的文字和图片，或许您就能有一个简明的概念了。

1.1　保护环境的基本意识

基本意识一

环境概念的两个要点：

（1）人以外的一切就是环境；

（2）每个人都是他人环境的组成部分。

基本意识二

保护环境就是要保护好人类的生存条件、生产资源、自然景观和文化遗产。

（1）生存条件：空气、水体、土地、生物物种；

（2）生产资源：矿产、森林、淡水、能源、土地、生物物种；

（3）自然景观：地理环境、地质特征、河湖溪流、海岸海岛、乡土物种、生态系统；

（4）文化遗产：历史遗迹、当地文化、传统建筑、民间工艺、风土人情、特色饮食、生活方式。

基本意识三

保护环境与资源，对中华民族永续发展与世界和平有以下重要的连锁影响：

没有污染，才不危害人民健康；

有资源，才有就业机会；

有就业，才有教育需求；

有教育，才有懂理守法；

有守法，才有社会安全；

有安全，才有友好互助；

有互助，才有人间友爱；

有友爱，才有民族和睦；

有和睦，才能杜绝战争；

没有战争，才有世界和平；

只有和平，才能最大限度地保护地球资源，让全人类共同实现可持续发展。

生存条件的四要素，你关注过它们吗？

空气

水体

土地

生物物种

1.2　理解可持续发展

问：什么是可持续发展？

答：可持续发展是指"既能满足当代人的需求，又不对后代人满足其自身需要的能力构成危害"的发展。

问：为什么要可持续发展？

答：为了当代人和后代人的生活质量能稳步改善。

问：可持续发展要做哪些事？

答：首先做好三件事：①消除环境污染；②允许自然资源再生；③改善每个人的福祉。

问：环境污染有哪些？

答：主要有三类，它们是空气污染、水体污染和土壤污染。

问：自然资源有哪些？

答：主要有六种，它们是矿产（金）、森林（木）、淡水（水）、能源（火）、土地（土）、生物物种（万物）。而矿产资源、原始森林、化石能源（石油、煤炭、天然气）和生物物种是不可再生的自然资源。

问："人类福祉"指什么？

答：人类福祉主要包括五项：①维持好生活的基本物质需求；②自由与选择；③健康；④良好的社会关系；⑤个人安全。

问：可持续发展有什么特点？

答：可持续发展承诺在追求经济发展的过程中保护地球环境和不可再生资源，要把环境同经济、社会的发展，尤其是为改善最贫穷阶层的生活而采取的发展措施结合起来，实现对环境、居住地、生物多样性和自然资源的长期保护。可持续发展关注生态、经济、文化的可持续性。

参考资料：联合国可持续发展《21 世纪议程》，https：//www.un.org/chinese/events/wssd/agenda21.htm。

可持续发展目标

首页　关于目标　∨　宣传活动　∨　可持续发展目标　∨　采取行动　∨　伙伴关系　∨　新

可持续发展议程

联合国官网：https://www.un.org/sustainabledevelop ment/
zh/development-agenda/

改变世界的17项目标

目标1：无贫穷

目标2：零饥饿

目标3：良好健康与福祉

目标4：优质教育

目标5：性别平等

目标6：清洁饮水和卫生设施

目标7：经济适用的清洁能源

目标8：体面工作和经济增长

目标9：产业、创新和基础设施

目标10：减少不平等

目标11：可持续城市和社区

目标12：负责任消费和生产

目标13：气候行动

目标14：水下生物

目标15：陆地生物

目标16：和平、正义与强大机构

目标17：促进目标实现的伙伴关系

1.4 可持续发展全球愿景与中国行动

（1）全球愿景

《2030 年可持续发展议程》是联合国 193 个成员国在 2015 年 9 月举行的历史性首脑会议上一致通过的。

在议程的序言中，联合国对可持续发展的全球愿景作了如下热情的描述：

"我们今天宣布的 17 个可持续发展目标……是整体的，不可分割的，并兼顾了可持续发展的三个方面：经济、社会和环境。这些目标……将促使人们在今后 15 年内，在那些对人类和地球至关重要的领域中采取行动。

人类 我们决心消除一切形式和表现的贫困与饥饿，让所有人平等和有尊严地在一个健康的环境中充分发挥自己的潜能。

地球 我们决心阻止地球的退化，包括以可持续的方式进行消费和生产，管理地球的自然资源，在气候变化问题上立即采取行动，使地球能够满足今世后代的需求。

繁荣 我们决心让所有的人都过上繁荣和充实的生活，在与自然和谐相处的同时实现经济、社会和技术进步。

和平 我们决心推动创建没有恐惧与暴力的和平、公正和包容的社会。没有和平，就没有可持续发展；没有可持续发展，就没有和平。

伙伴关系 我们决心动用必要的手段来执行这一议程，本着加强全球团结的精神，在所有国家、所有利益攸关方和全体人民参与的情况下，恢复全球可持续发展伙伴关系的活力，尤其注重满足最贫困、最脆弱群体的需求。

各项可持续发展目标是相互关联和相辅相成的，这对实现新议程的宗旨至关重要。如果能在议程述及的所有领域中实现我们的雄心，所有人的生活都会得到很大改善，我们的世界会变得更加美好。"

资料来源：联合国《2030 年可持续发展议程》中文版。

（2）中国行动

2016 年 9 月，中国发布了《中国落实 2030 年可持续发展议程国别方案》，对应 17 项联合国可持续发展目标，中国提出了多项具体的落实举措。表 1-1 按不同方面列出了中国承诺的落实行动要点。

表 1-1 中国落实联合国《2030 年可持续发展议程》的主要行动

经济方面	社会方面	生态环境方面
1. 可持续经济增长	1. 消除贫困	1. 应对气候变化
2. 可持续发展的工业	2. 健康生活	2. 可持续利用陆地生态系统
3. 可持续的农业、牧业和渔业	3. 优质教育	3. 保护海洋和海洋资源
4. 可持续的现代能源	4. 性别平等	4. 保护野生动物
5. 可持续的城市	5. 社会包容	5. 防止空气、土壤与水的污染
6. 推进"一带一路"建设		

资料来源：李晓西.联合国《2030 年可持续发展议程》在中国的实施［J］.社会治理，2017（6）.

1.5 中国目前的生态环境状况

中国是中国人的家。要想快速了解中国的环境资源家底，必须关注《中国生态环境状况公报》，此公报每年6月初就能在中华人民共和国生态环境部的官方网站（http://www.mee.gov.cn/）上查到。

以下是2020年6月2日生态环境部发布的一图读懂《2019中国生态环境状况公报》的部分内容。这些直观的图解能让您在几分钟内，将2019年我国主要的环境与生态（大气、酸雨、地表水、湖泊、地下水、海洋、自然生态、气候变化与自然灾害、基础设施与能源）的数据一览无余。

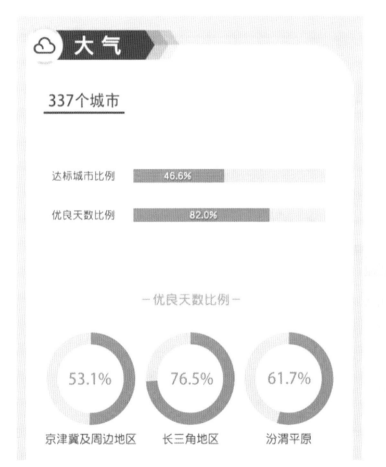

2019年全国大气情况

资料来源：一图读懂《2019中国生态环境状况公报》，http://www.mee.gov.cn/hjzl/tj/202006/t20200602_782313.shtml。

（a）全国地表水情况

（b）湖泊（水库）及地下水情况

2019 年全国淡水情况

资料来源：一图读懂《2019 中国生态环境状况公报》，http://www.mee.gov.cn/hjzl/tj/202006/t20200602_782313.shtml。

2019 年全国海洋情况

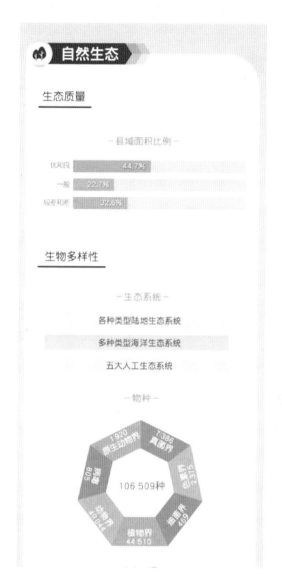

2019 年全国自然生态情况

资料来源：一图读懂《2019 中国生态环境状况公报》，http://www.mee.gov.cn/hjzl/tj/202006t20200602_782313.shtml。

2019年全国气候变化与自然灾害情况

2019年全国基础设施与能源情况

资料来源：一图读懂《2019中国生态环境状况公报》，http://www.mee.gov.cn/hjzl/tj/202006/t20200602_782313.shtml。

1.6 建设美丽中国需要全社会参与

问：美丽中国的环境面貌是什么样子？

答：美丽中国将实现天蓝、地绿、水净，人与自然和谐共生，还自然以宁静、和谐、美丽。

问：何时才能建成美丽中国？

答：党中央和国务院提出的目标是：到 2020 年，中国的生态环境质量总体改善，生态环境保护水平同全面建成小康社会目标相适应。到 2035 年，生态环境质量实现根本好转，美丽中国目标基本实现。到 21 世纪中叶，生态文明全面提升，实现生态环境领域国家治理体系和治理能力现代化。

问：建设美丽中国当前面临哪些挑战？

答：当前面临的主要挑战有：①经济社会发展同生态环境保护的矛盾突出；②资源环境承载能力接近上限；③重污染天气、黑臭水体、垃圾围城、生态破坏时有发生，成为经济社会可持续发展的"瓶颈"。

问：为实现美丽中国目标，全社会该如何发力？

答：政府、企业、公众应各尽其责、共同发力，政府积极发挥主导作用，企业主动承担环境治理主体责任，公众自觉践行绿色生活。

问：政府为建设美丽中国制定了哪些工作原则？

答：政府制定了五条基本原则，具体内容有：①推动绿色发展方式和生活方式；②以改善生态环境质量为核心，让人民群众有更多获得感；③提升生态环境治理的系统性、整体性、协同性；④依法严惩重罚生态环境违法犯罪行为；⑤推进全民共治。

问：什么样的产业和管理模式适合美丽中国？

答：美丽中国要大力发展的产业是：节能环保产业、清洁生产产业、清洁能源产业。此外，还需大力发展节能和环境服务业，推行合同能源管理、合同节水管理、区域环境托管服务等新模式。

问：公众如何参与美丽中国的建设？

答：每位公民都可自觉践行绿色生活，从而让个人融入到实现美丽中国目标的时代大潮中。绿色生活方式应注重三个方面：①消费倡导适度、环保、有机；②居家注重安全卫生、节能节水，支持回收；③生活方式选择简约、低碳、绿色出行。

资料来源：《中共中央 国务院关于全面加强生态环境保护 坚决打好污染防治攻坚战的意见》，2018 年 6 月 24 日新华社发布。

环境质量"四要点"：

空气质量达标

水质达标

食物达标

绿地达标

低碳未来，中国的承诺与挑战

　　"碳排放"已成为当今社会各界都关心的话题。然而，就在人们想为"低碳"尽一份自己的责任时，大家却发现自己并不了解碳排放的基础知识，不知道如何计算"二氧化碳排放量"，不清楚自己的生活方式是"高碳"还是"低碳"，不明白建低碳城市、促低碳经济、过低碳生活到底该做些什么。我们到了必须学会自己计算"碳排放"的时候了！

2.1 什么是碳排放

碳排放主要指的是人们在消耗化石能源（煤炭、石油、天然气）时产生的二氧化碳排放量。

问：二氧化碳排放量指的是重量吗？

答：是的。二氧化碳的重量来自它的分子式。一个碳原子（C）在充分燃烧之后，与一个氧分子（O_2）相结合，生成一个二氧化碳分子（CO_2）。碳原子的原子量为 12，氧分子的分子量为 32，生成的二氧化碳分子量为 44。由碳燃烧到生成二氧化碳，物质重量从 12 增加到 44——产物比原料重了 3.7 倍。从理论上计算：1 千克纯碳充分燃烧后，会产生出 3.7 千克二氧化碳。这里产出的二氧化碳重量就是二氧化碳排放量。

（图片来源：日本环境协会）

图 2-1 二氧化碳与氧气在植物与动物之间的循环

二氧化碳的生成与质量

化学反应方程式：$C + O_2 = CO_2$

原子量与分子量：$12 + 32 = 44$

碳原子与二氧化碳分子质量比：$12 : 44 = 1 : 3.7$

理论：1 千克纯碳完全燃烧，会产生 3.7 千克 CO_2。

问：动物呼出的气体算不算碳排放？

答：二氧化碳（CO_2）是每个人随时都在呼出的气体，也是地球上水里游的、陆地上走的、天上飞的所有动物呼出的气体。为何学者们不担心动物们呼出的"二氧化碳排放量"？

这是因为：植物是动物直接或间接的食物来源，动物总是生存在长有植物的地方（图2-1）。在阳光的照射下，植物会吸收大气中的二氧化碳，通过光合作用，将二氧化碳与水合成碳水化合物。在此过程中，二氧化碳转化为植物体内的有机物，氧气（O_2）被释放到大气中。

光合作用的产物能在植物体内进一步合成多糖、蛋白质、油脂等，而这些正是动物生存主要依赖的食物。动物吃掉来自植物合成的食物后，通过消化、分解、吸收，将来自植物的有机物一部分转化为动物体的组织，而另一部分则作为能量物质将其彻底分解，产物就是二氧化碳，被动物排出体外。

可见，动物呼出的二氧化碳来自分解植物吸收二氧化碳合成的有机物。在此过程中，二氧化碳处在大气—植物—动物—大气的循环中，不会净增加大气中二氧化碳的浓度，所以，动物呼出的二氧化碳不被纳入碳排放的考虑范围。

问：为何要担心来自化石能源的二氧化碳？

答：学者们锁定化石能源（图2-2）的消耗来计算"二氧化碳排放量"是因为煤炭、石油、天然气都是从地下开采的。这些化石能源

的前身曾是亿万年前地球上的生物，比如：原始森林被埋之后形成了今天的煤炭层；死亡动物与藻类被埋之后形成了今天的石油层。而古生物体内的碳元素来自亿万年前地球大气层中的二氧化碳。当人们今天燃烧化石能源时，其中的碳元素会以二氧化碳的形式被释放到现在的大气层中。由于二氧化碳具有吸收并储存太阳辐射热的功能，故称为"温室气体"。学者们担心：这些来自化石能源的二氧化碳会增加现在地球大气层中二氧化碳的浓度，从而使地球表面的温度上升。

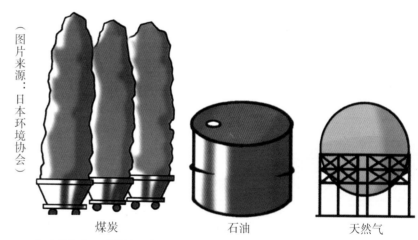

（图片来源：日本环境协会）

煤炭　　　　石油　　　　天然气

全球关注的"碳排放"主要是指：燃烧化石能源（煤炭、石油、天然气）时产生的二氧化碳排放量。

图2-2　化石能源

2.2　为何生物质与沼气能源是"零碳排放"

问：人类需要能源来做什么？

答：没有能源，人类是无法生存的。人类需要能源来满足对光、热、动力三方面的需求——人类需要光来照明、需要热来烹饪食物与取暖、需要动力来驱动交通工具与机器设备。

在农耕时代，人们使用的能源主要来自大自然中生长的植物，比如：使用植物油照明；使用秸秆和树枝烧饭；使用木炭取暖；使用吃草的牛马犁地与拉车等。如今，学者们把所有来自植物的能源统称为生物质能源。

问：为什么燃烧生物质没有碳排放？

答：生物质泛指来自植物的物质，如叶、茎、梗、枝、壳等。植物生长时需要吸收大气中的二氧化碳，在阳光的照射下，植物将二氧化碳与水合成为碳水化合物。这些碳水化合物能形成植物体内的纤维素、木质素等，使植物长大、长高、长得枝叶繁茂，结果是：大气中的二氧化碳成为植物的组成部分。当人们将枯枝干草作为能源使用时，植物中的纤维素、木质素等在燃烧中又分解为二氧化碳与水，于是，

二氧化碳回归到大气中，将会再次被植物吸收。由于使用生物质能源遵循了二氧化碳在植物与大气中循环往复的自然规律，故被认为不会增加大气层中二氧化碳的积累，所以，使用生物质能源是"零碳排放"（图 2-3）。若使用生物质来发电，所获得的电能是无二氧化碳排放的清洁能源。

问：为何沼气也属于"零碳排放"的清洁能源？

答：这是因为当植物被动物吃掉后，植物中的有机物能给动物提供能量和营养，而在动物排泄的粪便中，还有大量的有机物未被彻底分解。将动物的粪便单独或与植物混合在一起，在没有氧气的状态下进行发酵（称为"厌氧发酵"），一种可燃气体就会产生出来，气体中的甲烷（CH_4）浓度达 60% 以上，此种气体称为"沼气"。现代技术已能将沼气用于发电，或提纯为生物天然气（甲烷浓度达 90% 以上）。由于产生沼气的原料都直接或间接地来自植物，燃烧沼气所释放出的二氧化碳只是回归到大气中，并不会导致大气层中的二氧化碳浓度净增加，所以，使用来自沼气的能源也是"零碳排放"（图 2-4）。

[图片来源：Carl-A. Fechner（德国）]

图 2-3　零碳排放模式一

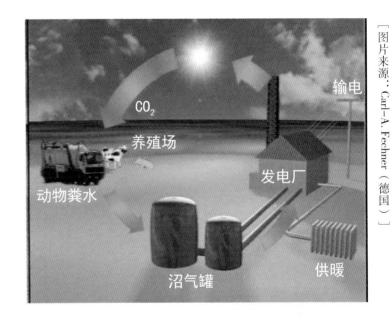

[图片来源：Carl-A. Fechner（德国）]

图 2-4　零碳排放模式二

在阳光的照射下，植物吸收二氧化碳，长出植物体。收获植物体后，可加工成生物质。生物质可用于发电、供暖、烹饪，是碳排放为零的可再生能源。

动物吃掉植物后，排泄出粪便。粪便经厌氧发酵，可产生沼气。沼气的甲烷含量达 60% 以上，是可燃气体，能发电或成为燃气，也是碳排放为零的可再生能源。

2.3 如何将化石能源用量换算为二氧化碳排放量

煤炭、石油、天然气的含碳量各不相同，燃烧这三种化石能源所产生的二氧化碳排放量也不一样。煤炭所含的碳元素为纯碳（C），石油所含的碳元素在烷烃（C_nH_{2n+2}）中，天然气所含的碳元素在甲烷（CH_4）里（图2-5）。

作为能源充分燃烧时，煤炭中的碳都生成二氧化碳，石油中的烷烃则生成二氧化碳与水，天然气中的甲烷也生成二氧化碳与水。煤炭的能量来自燃烧碳元素（C），而石油和天然气的能量来自燃烧碳和氢（H）两种元素。与石油中的烷烃相比，天然气的甲烷含氢量更高，故燃烧天然气生成的水（H_2O）比燃烧石油多。在产出能量相同的情况下，煤炭排放的二氧化碳最多，石油次之，天然气最少。所以，天然气被认作是最清洁的化石能源品种。

为了方便将煤炭、石油、天然气的消耗量换算成二氧化碳排放量，国家发展和改革委员会办公厅发布了《国家发展改革委办公厅关于组织开展推荐国家重点节能技术工作的通知》（发改办环资〔2013〕1311号），通知中公布了我国使用的化石能源品种的排放系数，见表2-1。

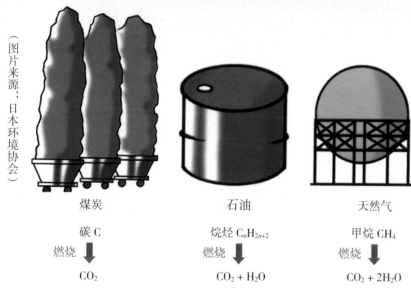

（图片来源：日本环境协会）

煤炭	石油	天然气
碳 C	烷烃 C_nH_{2n+2}	甲烷 CH_4
燃烧	燃烧	燃烧
CO_2	$CO_2 + H_2O$	$CO_2 + 2H_2O$

图2-5 三种化石能源的含碳量各不同，燃烧产生的二氧化碳量也不同

表2-1 我国使用的化石能源品种排放系数

能源品种	煤炭	石油	天然气
排放系数 （吨CO_2/吨标准煤*）	2.64	2.08	1.63

注：*标准煤是我国采用的能源度量单位。每千克标准煤的低位热值有29 307.6千焦耳（约7 000千卡）。

问：自己能计算出国家的二氧化碳排放量吗?

答：能。按照国家发展改革委办公厅公布的排放系数，任何人都能计算出我国某年消耗化石能源而产生的二氧化碳排放总量。

以 2019 年为例，在国家统计局官方网站首页"统计数据"栏中点击"数据查询"，进入"国家数据"网页（图 2-6）后再点击"年度数据"，在指标栏中点击"能源"查找"能源消费总量"，可查得：2019 年我国的煤炭消费总量为 28.099 9 亿吨，石油消费总量为 9.204 3 亿吨，天然气消费总量为 3.944 7 亿吨。

将查得的三种化石能源消费总量与对应的排放系数相乘，可以得出相应的二氧化碳排放量，然后再将各数相加，就能得知：2019 年我国消费化石能源产生的二氧化碳排放总量为 99.758 5 亿吨，见表 2-2。

表 2-2　计算 2019 年我国消费化石能源产生的 CO_2 排放量

（计算公式：化石能源消费量 × 排放系数）

能源品种	消费总量 （亿吨标准煤）	排放系数 （吨 CO_2/ 吨标准煤）	CO_2 排放量 （亿吨）
煤炭	28.099 9	2.64	74.183 7
石油	9.204 3	2.08	19.144 9
天然气	3.944 7	1.63	6.429 9
合计			99.758 5

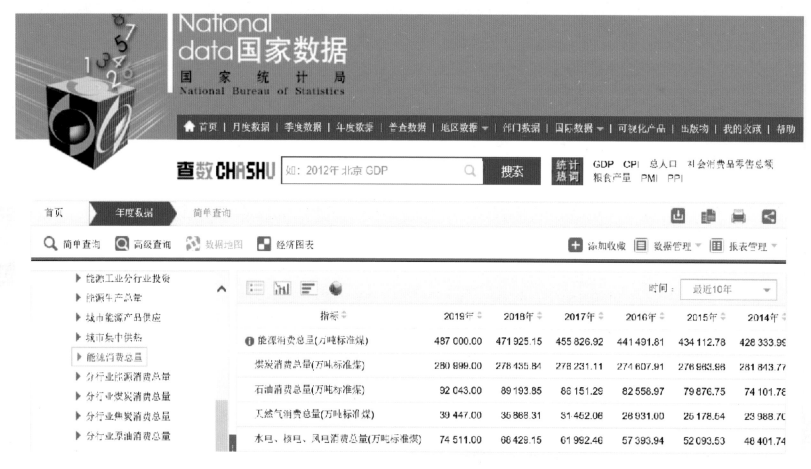

图 2-6　中国能源消费总量情况

注：图为国家统计局官网发布的"年度数据"中的"能源消费总量"，https://data.stats.gov.cn/easyquery.htm?cn=C01。

2.4 全球二氧化碳排放量居前六位的国家和地区

在国际上发布的各国二氧化碳排放量排名中，从 2005 年至今，中国一直位居第一。图 2-7 是全球大气研究排放数据库 EDGAR* 于 2015 年发布的"1990—2014 年前五位国家与欧盟的二氧化碳排放量"。图中显示，到 2014 年，中国的二氧化碳排放量已超过 100 亿吨，排放来自使用化石燃料和水泥生产，全球排放二氧化碳居前六位的国家和地区依次是：中国、美国、欧盟、印度、俄罗斯、日本。

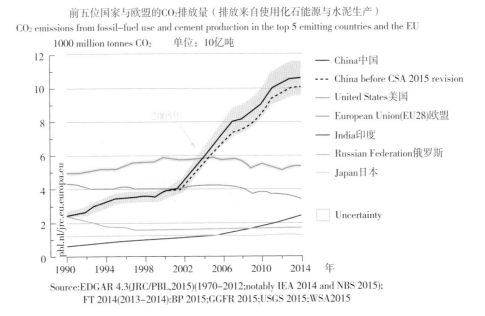

图 2-7   1990—2014 年前五位国家与欧盟的二氧化碳排放量

注：* EDGAR（Emission Database for Global Atmospheric Research）由欧盟委员会与荷兰环境评估署组成（欧盟委员会：European Commission，荷兰环境评估署：Netherlands Environmental Assessment Agency）。

2.5　中国向全世界公布的 2030 年减碳目标

问：什么是《巴黎协定》？

答：2015 年 12 月，联合国气候变化大会在巴黎举行，大会通过了《巴黎协定》。此协定的执行目标有以下三点 *：

（1）将全球平均气温较前工业化时期上升幅度控制在 2℃之内；

（2）以不威胁粮食生产的方式增强气候抗御力和温室气体低排放发展；

（3）使资金流动符合温室气体低排放和气候适应型发展的路径。

协定的原则：将按照不同的国情体现平等以及共同但有区别的责任和各自能力执行。

问：中国与多少个国家一起签署了《巴黎协定》？缔约国应尽的主要减碳义务有哪些？

答：2016 年 4 月 22 日，中国与 174 个国家一起在纽约的联合国总部签署了《巴黎协定》。协定于 2016 年 11 月 4 日正式生效。《巴黎协定》对缔约方的主要要求有以下三点 **：

（1）尽快达到温室气体排放的全球峰值；

（2）利用现有的最佳科学技术迅速减排；

（3）在 21 世纪下半叶实现温室气体源的人为排放与碳汇清除之间的平衡。

问：中国向联合国提交了哪些减碳目标与行动？

答：早在 2015 年 6 月 30 日，为推动在巴黎召开的联合国气候变化大会取得圆满成功，中国向联合国提交了《强化应对气候变化行动——中国国家自主贡献》的文件 ***。为减少自身的二氧化碳排放量，中国确定了到 2030 年的自主行动目标，并就实现这些目标提出了具体的政策和措施。2020 年 12 月 12 日，在由联合国及有关国家倡议的旨在纪念《巴黎协定》达成五周年的气候雄心峰会上，习近平主席宣布了中国国家自主贡献的一系列新举措 ****，内容详见表 2-3。

注：*《巴黎协定》第二条，参见联合国官网 https://www.un.org/zh/documents/treaty/files/FCCC-CP-2015-L.9-Rev.1.shtml。

**《巴黎协定》第四条，网址同上。

*** 中国政府网，http://www.gov.cn/xinwen/2015-06/30/content_2887330.htm。

**** 习近平在气候雄心峰会上的讲话（2020 年 12 月 12 日，新华网）。

表 2-3　中国 2030 年的减碳行动目标与政策和措施举例 *

行动目标：力争 2030 年前二氧化碳排放达到峰值 **（110 亿～120 亿吨 ***）。

措施举例：

- 重点开发的城市化地区要加强碳排放强度控制；
- 老工业基地和资源型城市要加快绿色低碳转型；
- 农产品主产区要加强开发强度管制，限制进行大规模工业化城镇化开发；
- 将低碳发展理念贯穿规划、建设、管理全过程

行动目标：单位国内生产总值二氧化碳排放比 2005 年下降 65% 以上 **。

措施举例：

- 形成节能低碳的产业体系；
- 优化产业结构，加快淘汰落后产能；
- 大力发展服务业和战略性新兴产业

行动目标：非化石能源占一次能源消费比重达到 25%** 左右。

措施举例：

- 控制煤炭消费总量，加强煤炭清洁利用；
- 大力发展风电、太阳能发电（总装机容量将达到 12 亿千瓦以上 **），发展地热能、生物质能和海洋能；
- 大力发展分布式能源，加强智能电网建设

行动目标：森林蓄积量比 2005 年增加 60 亿立方米 ** 左右（每生长 1 立方米木材可吸收约 0.85 吨二氧化碳）。力争 2060 年前实现碳中和 **。

措施举例：

- 大力开展造林绿化，深化开展全民义务植树；
- 继续实施天然林保护，增加森林碳汇，加强森林抚育经营，加大森林灾害防控，强化森林资源保护，减少毁林排放；
- 加大湿地保护与恢复，提高湿地储碳功能；
- 恢复草原植被，加强草原灾害防治和农田保育，提升土壤储碳能力

注：* 资料来源：《强化应对气候变化行动——中国国家自主贡献》（2015 年 6 月 30 日新华社发布）。

　　** 数据来源：习近平在气候雄心峰会上的讲话（2020 年 12 月 12 日，新华网）。

　　*** 数据来源：中国环境治理高峰论坛（2015 年 11 月 29 日）。

2.6　2030 年中国人均二氧化碳排放限值

　　到 2030 年，中国的二氧化碳排放总量达到峰值，预测为 110 亿 ~ 120 亿吨，人口数预计为 14.5 亿人 *，两数相除可知：2030 年中国人均二氧化碳排放最高限值为 8.3 吨 /（人·年）。

　　计算 2030 年中国人均二氧化碳排放最高限值：

$$120（亿吨 / 年）\div 14.5（亿人）= 8.3\ [吨 /（人·年）]$$

　　图 2-8 中有一个大气球，其中装了一吨二氧化碳气体。它的体积约有 506 立方米，体量约为一个高 10 米占地 50 平方米的小楼房。8.3 吨 /（人·年）的排放限值在告诉我们：到 2030 年，每个中国人每年向大气层中排放的二氧化碳总量不应超过约 8 个半大气球的体积。这个排放限值包含了生产、交通、生活等各方面能耗相加所产生的二氧化碳排放量。

　　问：生活能耗包括哪些方面？
　　答：依据国家发展和改革委员会能源研究所的研究，我国居民的

注：* 资料来源于 2016 年 12 月 30 日国务院印发的《国家人口发展规划（2016—2030 年）》。

图 2-8　装满一吨二氧化碳的气球

图为 2009 年联合国气候变化大会在丹麦首都哥本哈根召开时，会场外的 CO_2 气球照片。

（摄影：Garry Braasch　图片来源：esa.org）

生活能耗分为六项：居住、商业服务、食品、交通出行、衣着、家庭设备。这六项生活能耗的总和简称为"居民消费全能耗"，其中，居住能耗的比重约占 50%（表 2-4）。

问：居民消费全能耗占国家总能耗的比重是多少？

答：按国家发展和改革委员会能源研究所的研究和预测*，在我国，居民消费全能耗占国家总能耗的比重是：2005 年为 42.6%，2010 年上升为 48.7%，2020 年降至 44.1%，到 2030 年为 41.9%，故居民消费全能耗占国家总能耗的 40% 以上。

问：居住能耗在消费全能耗中占比最大，如何计算 2030 年中国人均居住能耗的二氧化碳排放限值？

答：中国人均居住能耗的二氧化碳排放限值计算公式：2030 年中国人均二氧化碳排放限值 × 2030 年居民消费全能耗占国家总能耗的比重 × 2030 年居住能耗在消费分项能耗中的比重（表 2-4）。

2030 年中国人均居住能耗的二氧化碳排放最高限值：

8.3 吨 /（人·年）× 41.9% × 48.4% ≈ 1.68 吨 /（人·年）

表 2-4　居民消费全能耗与消费分项能耗的比重 *

		2005 年	2010 年	2020 年	2030 年
居民消费全能耗（万吨标准煤）		95 685	131 366	172 372	204 275
消费分项能耗的比重	居住	50.1%	48.3%	46.9%	48.4%
	商业服务	23.0%	28%	29.8%	26.7%
	食品	13.2%	10.5%	8.5%	7.2%
	交通出行	6.1%	6.7%	9.4%	12.9%
	衣着	4.7%	4.0%	3.1%	2.7%
	家庭设备	2.9%	2.5%	2.2%	2.1%

注：* 熊华文 . 基于投入产出方法的居民消费全流程能耗分析［J］. 中国能源，2008（7）.

问：如何知道自家居住能耗的二氧化碳排放量？

答：居住能耗产生的二氧化碳排放量由四个部分构成：用电量、用水量、用气量、耗油量（不包括车用）。方便的计算是，将用量的表数与相应的二氧化碳排放强度系数 * 相乘。

用电的二氧化碳排放量：电表数 × 0.75 [千克 /（千瓦·时）]

用气的二氧化碳排放量：立方数 × 2.16（千克 / 立方米）

用水的二氧化碳排放量：水表数 × 0.91（千克 / 吨）

耗油的二氧化碳排放量：公升数 × 2.7（千克 / 升）

案例：计算北京某家庭 2019 年全年的居住能耗（日用与采暖）产生的二氧化碳排放量与经济开支（表 2-5）。

表 2-5　北京某家庭 2019 年居住产生的二氧化碳排放量与经济开支计算

能耗分项	单位	表数	强度系数	二氧化碳排放量（千克）	北京价格（元）	经济开支（元）
电	千瓦·时	1 542	0.75	1 157	0.49	7 56
气	立方米	821	2.16	1 773	2.63	2 159
水	吨	140	0.91	127	5	700
油	升	0	2.70	0	—	0
合计				3 057		3 615

计算与结论：此家庭常住 2 人（住房面积为 120 平方米，家中拥有现代生活必备的大小电器 30 多件，且在冬季使用燃气壁挂炉自供暖气 4 个月），在 2019 年，此家庭的人均居住能耗的二氧化碳排放量为 3 057÷2 ≈ 1 529 千克 /（人·年）[约 1.53 吨 /（人·年）]，低于 2030 年中国人均居住能耗的排放限值 1.68 吨 /（人·年）。

此家庭 2019 年全年支出的水、电、气（包括采暖）的费用总计为 3 615 元。在非采暖期，水、电、气费合计的月均支出为 127 元（人均 63.5 元）。在冬季采暖期，此家庭的水、电、气费合计的月均支出为 648 元（人均 324 元），4 个月采暖期的费用总额约为 2 600 元。

家庭的低碳管理是环保的重要内容，让我们都来管好自己的家，以帮助中国的低碳承诺变为现实。

注：* 用电二氧化碳排放强度系数参考《国家发展改革委办公厅关于组织开展推荐国家重点节能技术工作的通知》（发改办环资〔2013〕1311 号）；用气二氧化碳排放强度系数参考《国家发展改革委办公厅关于印发〈"十三五"控制温室气体排放工作方案部门分工〉的通知》（发改办气候〔2017〕1041 号）中油田天然气的排放因子；用水、用油二氧化碳排放强度系数参考《迈向低碳生活》，科学普及出版社，2009 年 9 月，第 68-69 页。

3

建设美丽中国，从家庭与自己做起

本章先简要展示中国传统人居环境中的绿色要素，然后详细介绍居家卫生、节能减排、节约用水、废物利用、社区参与、绿色公民共七个方面的内容。

3.1 中国传统人居环境美丽要素图示

在中国传统的人居建筑与园林环境中，人与自然和谐共存的美景随处可见。中国建筑与园林的传统设计与建造已延续了 2 000 多年，这体现着中华民族很早就有尊重自然、热爱自然、研究自然、顺应自然和模拟自然的生存法则与文化思想。

下面我们来欣赏几处中国传统人居建筑与园林环境中最典型的美景。这些美景不仅好看，而且具有利用太阳能、收集雨水、净化水质、保护物种、调节气温、一物多用、覆盖裸土、净化空气、呵护生态、减灾防灾、可持续生存等智慧与功能，所有这些组成了中国传统人居环境的美丽要素。

3
建设美丽中国，
从家庭与自己做起

Part
three

↘ 本节内容

3.1.1 古建筑中的生态设计

3.1.2 四合院中的宜居美景

3.1.3 乡土植物的环境功能

3.1.4 古园林中的生态保护

3.1.5 屋顶、地面的防灾减灾

3.1.6 院里屋外的生存资源

3.1.1　古建筑中的生态设计

坐北朝南的故宫建筑夏季能遮阴，冬季能向阳保暖。

故宫的室外地砖有透水功能，可吸收雨水、融化冰雪。

颐和园中的乱石垒岸能净化水质并有利于生物的繁衍。

北海团城收集雨水的古渗井能为古树提供不断的水源。

图 3-1　古建筑中的生态设计

3.1.2　四合院中的宜居美景

院内生长着多种乡土植物，保护了当地的物种基因。

院中大树绿荫婆娑，能在夏季遮挡阳光，减少炎热。

院中下凹式花园能自然接纳雨水，还能减少地面的热反射。

院墙顶由瓦片组成，既增加了墙高，又美观、通风。

图3-2　四合院中的宜居美景

3.1.3 乡土植物的环境功能

柳树能提供荫凉

荷莲有净水作用

苔草能覆盖裸土

古柏可净化空气

图 3-3 乡土植物的环境功能

3.1.4 古园林中的生态保护

园中的小堤能让人们亲近水体，静坐岸边，观赏水中生物。

园中的房屋外栽种了各类植物，包括花、果、药、茶。

园中的水被覆盖在荷叶之下，有利于鱼类在水中的繁衍生息。

园中的墙爬满绿植，虫鸣鸟叫，为生物提供栖息环境。

图3-4 古园林中的生态保护

3.1.5　屋顶、地面的防灾减灾

坡形的屋顶组合在一起，形似山谷，有助于空气流动。

由密集的坡屋顶组成的城镇上方起伏平缓，能减少风灾。

房屋有台基，地面能透水，路旁有水渠，可减少内涝。

传统庭院中的水池能收集雨水，以备抗旱、防火之用。

图 3-5　屋顶、地面的减灾防灾

3.1.6 院里屋外的生存资源

院中的果树能为人们提供维生素与能量补给。

屋外的菜地能给一日三餐提供食物。

古村的梯级用水习俗既保障了饮用水的安全，又达到了节水的效果。

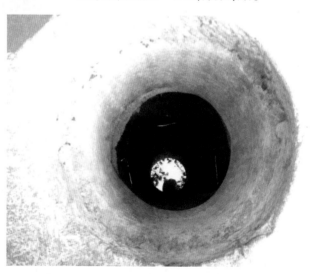

园中的水井提供着生存依赖的水资源。

图 3-6 院里屋外的生存资源

3.2　健康居家的卫生管理

　　绿色生活必须从健康居家开始，这是因为家庭卫生是直接关系到减少疾病、减少环境污染的大事。一个社区，只有家家户户都能管好自家的卫生，保持环境的卫生，社区的居住质量才能大幅提升。

　　作为社会公民的每个人，作为社会单元的每个家庭，做好自家的卫生管理对保障居家环境的安全、促进公共空间的环境改善都有着实际效应。当您对病原体、传染病、消毒、用药的基本常识有所了解后，您将不再对传染病怀有恐惧心理，将不会采用向环境盲目撒化学物的错误方法去对付病原体。当全社会都开始注重居家卫生时，治理环境污染与预防传染病的财政开支就能大幅度减少。

3

建设美丽中国，
从家庭与自己做起

Part

three

3.2.1　传染病的问与答

问：我国常见传染病的病原体有几类？

答：常见的传染病病原体有三类：细菌、病毒、寄生虫（图3-7）。细菌属原核生物，病毒属非细胞生物，寄生虫属真核生物。

问：传染病的病原体从哪里来？

答：传染病的病原体主要来自感染者的三种排泄物：粪便（大小便）、痰液（飞沫）、体液（血液、精液、乳液）。

问：病原体是怎样进入人体的？

答：病原体可以经三条通道进入人体：消化道、呼吸道、伤口

（皮肤或黏膜损伤，被虫或兽咬伤）。

问：家中灭活病原体有哪些简便方法?

答：家中灭活病原体有三种方法：加热（70℃以上）灭活；洗涤（表面活性剂）灭活；日晒（阳光紫外线）灭活。

问：被病原体感染，如何选药？

答：对不同病原体的选药原则：细菌感染用抗菌药；病毒感染用中草药；寄生虫感染用驱虫药。

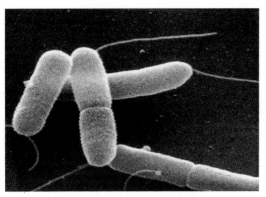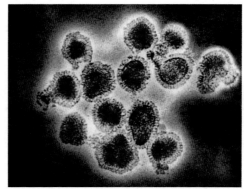

（a）细菌：痢疾杆菌
（图片来源：pasmov.com）

（b）病毒：流感病毒
（图片来源：insight.mrc.ac.uk）

（c）寄生虫：血吸虫
（图片来源：2010.igem.org）

图3-7　传染病的病原体

3.2.2　家庭卫生三要点

"卫生"的意思是"保卫生命"。管好家庭的卫生能使自己与家人远离传染病。传染病主要是由肉眼看不见的微生物（以细菌和病毒为主）引起的，这类微生物统称为病原体，它们可以通过食物、空气、伤口进入人体，当人体的免疫力不足时，则会引发疾病。

在潮湿的环境中，细菌容易繁殖，病毒的存活时间延长，而在干燥的状态下，细菌因缺水而不能繁殖，病毒容易失活。所以，保持室内环境干爽而清洁是预防传染病的基本法则。

判断居室环境是否符合"保卫生命"的基本要求有以下三点：①台面与地面无积尘（图3-8）；②碗柜与衣橱无异味（图3-9）；③抹布与墩布不黏臭（图3-10～3-14）。

问：为何室内不能积尘？
答：因为室内是一个封闭的空间，人在室内活动易引起空气的大幅度扰动。若室内有积尘，空气扰动时会使积尘飘向空中，室内的飘尘浓度就会上升。飘尘也称为PM_{10}，是可吸入颗粒物，其中包含了$PM_{2.5}$。

过多的飘尘通过呼吸道进入人体之后，可能会引发不适或导致生病。举个例子，若积尘中藏匿有结核杆菌，飘尘中也可能会带结核杆菌。当人将这样的飘尘吸入肺部，就可能成为结核杆菌的带菌者。

图3-8　干净的室内环境

问：为何要求碗柜与衣橱无异味？

答：异味指闻起来不正常的气味，如臭味、霉味。当碗柜或衣橱有异味时，则表明其中可能有微生物（细菌、真菌）的大量繁殖。在这样的环境里，餐具、衣服、毛巾、被子等生活用品可能被微生物污染，从而给致病的微生物提供进入人体的机会，比如通过进食或皮肤接触带来感染。

问：怎样才能使抹布与墩布不黏臭？

答：抹布与墩布都是清洁工具。如果抹布与墩布发黏发臭，则表明其表面微生物的繁殖很活跃，黏性物质就是微生物繁殖产生的，臭味也来自微生物的代谢。若使用发黏发臭的抹布与墩布来做清洁，其上的微生物将被大量转移到被擦拭的台面与地面上，这会增加室内微生物污染。

只要让抹布与墩布保持干燥，微生物就无法在其上繁殖，抹布与墩布就不会发黏发臭了。做清洁时，先用喷水壶在台面或地面上喷少量的水，然后直接用干抹布或干墩布擦拭，一擦即干，清洁效果好。使用干的抹布与墩布做清洁，能有效减少室内环境的潮湿。

下面向大家介绍一下关于清洁使用抹布与墩布的方法。

图3-9　衣橱内保持干净、整洁，能保护肌肤的健康，且方便取物

（a）先在物体表面喷少量水，然后用干抹布擦。干抹布含水量少，若不脏，可使用多次后再清洗。

（a）脏抹布的洗涤最好不用手搓，而是放入迷你洗衣机（约200元/台）集中清洗，洗涤剂用洗洁精或洗衣液（它们都有杀菌作用，参见3.2.6）。洗净甩干后的抹布在阳光下晒干，然后收纳。

（b）清洁后的抹布应随时摊开晾置（如晾置在水桶沿上），以便让抹布快速晾干。

（b）洗净晒干的抹布无任何异味。叠好后可置于收纳筐中，放入清洁用具柜里，随时取用。不同颜色的抹布可用于定位清洁不同的地方，如厨房、卫生间、客厅等。

图 3-10　干抹布保洁法

图 3-11　抹布的洗涤与收纳

（a）使用干墩布擦地能减少地面的潮湿，有助于保持室内干燥。

（a）清洗墩布用"吸引力拧干桶"易操作。在桶中放半桶水后加入几滴洗衣液，墩布入桶清洗一遍，再用半桶清水清洗两次墩布即可。

（a）将洗净的墩布摊开，晾置在墩布篮上，这样能使墩布快干，不会发黏、发臭。

（b）干墩布的表面对灰尘、颗粒物、毛发等有较好的吸附能力。

（b）需拧干墩布时，将墩布放在桶上的墩布篮中，转动墩布杆往下压墩布，即可拧干（不用手拧）。

（b）在阳光下晾置墩布，能借助阳光中的紫外线给墩布表面消毒。

图 3-12　干墩布的使用　　　　　图 3-13　干墩布的清洗　　　　　图 3-14　墩布的晾晒

3.2.3　餐具干燥护健康

洗净的餐具要先沥水［图3-15（a）］，然后使用擦碗打干布擦净剩余的水分［图3-15（b）］，最后才能放入碗柜中。在干燥的餐具上，微生物是不会繁殖的，所以家中不必使用餐具消毒柜。因干燥的餐具不会将水分带入碗柜中，碗柜内部就能保持干燥，就没有生长微生物的条件了。使用后的擦碗打干布要摊开晾置［图3-15（c）］，每周更换。

将洁净而干燥的餐具放置在清洁的碗柜中［图3-15（d）］，保持柜门关闭［图3-15（e）］。使用时，取出餐具即可直接盛食，不必水洗，这能节约用水。对于无水滴、无食物气味的碗柜，蟑螂是不会光顾的（因为蟑螂进入碗柜为的是觅食与喝水），这能减少病原体的传播（参见3.2.8）。

（a）洗后的餐具要沥水

（b）用擦碗打干布擦净水分

（c）擦碗打干布要摊开晾置

（d）餐具干燥能避免碗柜潮湿

（e）关闭柜门避免飞虫与飘尘

图 3-15　餐具洗净、干燥、收纳的步骤

3.2.4　食物加热保安全

　　所有非新鲜烹制的食物（从商场购买的熟食、冰箱取出的剩食）都要加热之后才能安全食用。在食物存储期间，有可能发生微生物在食物上的增生，加热食物能有效地杀灭微生物（图3-16）。

　　通过食物进入人体的病原体主要有细菌、病毒和寄生虫虫卵，这些病原体的表面都有蛋白质。加热能使蛋白质发生构象改变（称为"变性"），从而失去蛋白质的功能。例如，生鸡蛋是液态的，熟鸡蛋是固态的，生鸡蛋能孵化出小鸡，而熟鸡蛋则不能。在加热的过程中，生鸡蛋的蛋白质都"变性"了，由液态转变为了固态，其生物学活性也都丧失了，所以熟鸡蛋没有了生物学功能，无法孵化出小鸡。

　　当温度在70℃左右时，绝大多数蛋白质都会发生"变性"，病原体就会失活或死亡，不再具备感染能力。加热食物的方法有蒸、煮、炒、使用微波炉，热透即可。加热也能分解多种农药，所以，蔬菜炒熟吃更安全。

图 3-16　加热食物能杀灭病原体，也能分解农药

（图片来源：image.baidu.com）

3.2.5　日晒衣被消毒好

　　在阳光下晒衣服、晒被子是一种实用的绿色消毒法，因为不需要消耗能源（图 3-17）。

　　太阳光由三部分组成：可见光、红外光、紫外光。紫外光就是人们常说的紫外线，这种光含有大量的能量，当病原体（如细菌、病毒、霉菌）暴露在紫外光下时，病原体中的核酸大分子（基因物质）会吸收紫外线的能量而发生变性或断裂，病原体就会失去感染能力或死亡。

　　如果家中有无法洗涤但需要杀灭病原体的棉被、衣物等，将它们放在阳光下充分翻晒，就能达到消毒的效果。

　　由于紫外线也会对人体细胞带来伤害，所以在强烈的阳光下，人应当注意遮挡紫外线，如戴遮阳帽、墨镜、头巾等，以免自己遭受损伤。

勤晒衣被，
有利健康！

在阳光下翻晒被子，能杀灭病原体。

图 3-17　日晒衣被消毒好

（图片来源：image.baidu.com）

3.2.6　保洁用品要环保

保洁用品通常具有去除污渍和杀灭微生物两大功效，这类保洁用品所含的化学成分主要是"表面活性剂"［图3-18（a）］。表面活性剂能破坏蛋白质和脂质的结构，使不溶于水的脂质（如油脂）能散入水中，所以，洗衣液的主要成分就是表面活性剂，能洗净带有油污的衣服。

【主要成分】表面活性剂，无磷助剂，香精。

【适用范围】适用于棉、麻、合成纤维、混纺等质地衣物。

【使用方法】将洗衣液倒入水中，充分溶解后再加入待洗衣物。

（a）洗衣液包装上的成分说明

（b）中国环境标志（十环标志）
（图片来源：image.baidu.com）

图3-18　环保型洗衣液包装上的成分说明与中国环境标志

病原体（细菌、病毒、真菌、寄生虫虫卵）的表面存在着大量蛋白质和脂质大分子，在表面活性剂的作用下，这些大分子遭到结构破坏，从而导致病原体的死亡。

在洗碗液、洗衣液、肥皂液中，表面活性剂都是主要成分，使用它们来保洁时，病原体就会被杀灭，不必另加其他化学消毒剂。

问：使用保洁产品如何注意环保？

答：在我国，环保型保洁产品都带有"中国环境标志"，该标志由10个环围成一圈，中间有水、有山、有太阳，上方写着"中国环境标志"，简称"十环标志"［图3-18（b）］。

使用保洁用品时，控制用量能减少生活污水中保洁用品的浓度，这有利于污水的处理，也能减少保洁成分对水生态的危害。

肥皂是天然油脂与碱自然反应而成的洗涤用品，它既能有效保洁，又能被大自然分解，故对环境十分安全。肥皂用到最后会成为碎块，将肥皂碎块收集起来，可以自制洗手皂液，具体步骤如下（图3-19）：

步骤一：将收集起来的肥皂碎块放入容器中，加入3～4倍体积的温开水，盖上瓶盖泡一周时间；

步骤二：肥皂泡软后，使用一个干净的牙刷杆，将泡软的肥皂与水搅成皂液；

步骤三：使用一个干净的金属网勺来过滤皂液。过滤时用牙刷杆边搅边滤，让均质而黏稠的肥皂液顺利通过滤网；

步骤四：将过滤后的肥皂液置于带吸头的瓶中，放到洗手池边，

图 3-19　自制洗手皂液的步骤

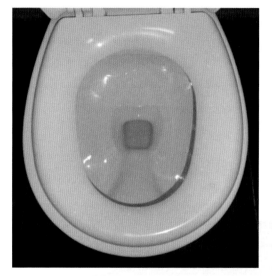

图 3-20　家中的座便器需每周保洁一次

壶来存放白醋。

座便器的快速保洁法：家中的座便器需要每周保洁一次，将白醋喷洒在座圈上与便池中，然后用厕刷刷净便池，再用卫生纸擦净座圈上的白醋，最后将卫生纸投入便池中（参见 3.5.3），用水冲走即可（图 3-20）。

洗手皂液即可使用了。

白醋的主要成分是醋酸。醋酸是弱酸，不腐蚀管道，也不影响污水的处理。醋酸具有溶解水垢和杀灭病原体等功能，可用于厨房和卫生间的保洁（白醋无去油功能）。为了方便喷洒白醋，可使用塑料喷水

食用小苏打的化学名称为碳酸氢钠，是弱碱性物质。食用小苏打的碱性能使油脂分解为能溶于水的甘油和脂肪酸盐，故可用来去除油污。小苏打粉也可快速洗去茶垢。

如果您居家使用的保洁用品都是带有环境标志的，您还常用肥皂、白醋、食用小苏打来进行保洁，您可以自信地说：我家的保洁用品都是无污染的。

3.2.7　排水地漏严防臭

地漏溢出的臭气来自下水道。因为下水道是生活污水汇聚之处，包含人的排泄物（粪便、痰液、血液），所以地漏逸出的臭气可能带有引发传染病的病原体。地漏还会让可能携带病原体的蟑螂等虫子进入家中，故所有的地漏口都要安装防臭器，包括洗衣机的排水口。

问：蹲式便池的下水口开放有何危害？如何封闭？

答：若便池的下水口是开放的（图3-21），下水管道中人体排泄物的臭气则会随着管道中的上升气流从便池口逸出，如果排泄物来自传染病人，其中的病原体可能通过空气传播开来，也可能通过能自由进出便池口的苍蝇传播开来。开放式便池口也会让老鼠有机会从下水管道进入室内，引发传染病（如出血热）。

安装"卫生堵臭器"（10～20元/个）可使开放式便池口得到关闭（图3-22）。排水时，卫生堵臭器的底盖能自动开启，不影响排水。

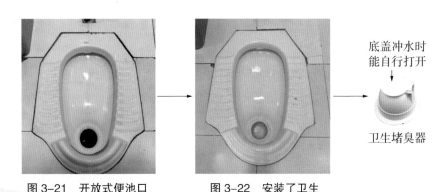

底盖冲水时能自行打开

卫生堵臭器

图3-21　开放式便池口易传播病原体

图3-22　安装了卫生堵臭器的便池

在我国，蹲便池的排水口有大、小两种直径，购买卫生堵臭器之前，需量好便池排水口的直径。

问：墩布池返臭该如何解决？

答：根据墩布池排水口的直径，购买"防臭地漏芯"（约10元/个）［图3-23（a）］，再加一个地漏密封圈（5～10元/个）［图3-23（b）］，将密封圈下部的细窄处剪去［图3-23（c）］，然后套在防臭地漏芯之外［图3-23（d）］，再将其整体装入墩布池的排水口［图3-23（e）］，即可解决返臭问题。

（a）防臭地漏芯

（b）地漏密封圈

（c）剪去地漏密封圈下部

（d）剪好的密封圈套在防臭地漏芯外

（e）防臭地漏芯装入排水口

图3-23　自制防臭地漏

墩布池返臭是写字楼、商场、学校卫生间的常见问题，解决好此问题，不仅能保护保洁人员的健康，提升卫生间的管理水平，而且能减少开启卫生间的抽风机，节约能源。

问：如何给浴室排水地漏、洗衣机排水口防臭？

答：先量好地漏或排水口的直径，购买尺寸适合的产品，一插式防臭地漏或硅胶产品都方便安装（图 3-24、图 3-25）。

防臭地漏产品
（约30元/个）

排水时开启

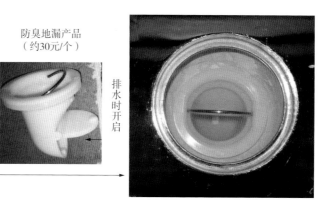

开放式浴室排水地漏　　　　　　　　能防臭的浴室排水地漏

图 3-24　防臭地漏的安装

硅胶防臭地漏
（约10元/个）

排水时开放

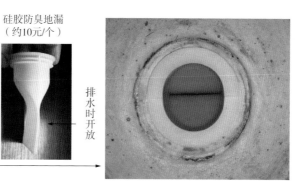

开放式洗衣机排水口　　　　　　　　能防臭的洗衣机排水口

图 3-25　硅胶防臭地漏

3.2.8 四害传病要提防

问：能传播病原体的典型生物有哪些？

答：传播病原体的典型生物有四种：老鼠、蚊子、苍蝇、蟑螂。在中国，它们被称为"四害"。

问：老鼠是如何传播传染病的？

答：老鼠（图3-26）能传染病有几十种，传播方式有以下四条途径：

（1）鼠蚤咬人传播；

（2）病鼠尿与粪便中的病原体污染了食物或尘埃，然后进入人的消化道或呼吸道；

（3）病鼠的排泄物、分泌物、血液经人体伤口（损伤的皮肤或黏膜）侵入；

（4）病鼠直接咬人传播。

图 3-26 老鼠

（图片来源：Stack Exchange）

问：怎样对付老鼠？

答：因老鼠是自然界食物链的组成部分，故大自然中的老鼠不能随意毒杀。但是，进入人类生活与工作场所的老鼠必须消灭。为了避免毒药带来的环境污染，灭鼠最好使用无毒的方法。

自制无毒灭鼠药——水泥灭鼠：将面粉炒熟，放少许食用油，然后拌入干水泥粉（装修用的白水泥即可），放在老鼠出没之处，老鼠食后，水泥在肠道内吸收水分而凝固，使老鼠腹胀而死。

老鼠尸体的处理：戴好口罩与手套，用夹子将死鼠放入纸袋（纸盒也可）内移至室外，将其深埋于绿地土壤中（土坑深度至少50厘米，死鼠与纸袋能腐化为土壤肥料）。操作完后，应及时用肥皂洗手，并用刷子清洗用具（注意：因老鼠可能携带病原体，在灭鼠过程中，避免用手直接接触老鼠）。

问：蚊子可传播哪些传染病？

答：叮咬人与动物的蚊子（图3-27）是雌性，雌蚊需要吸食血液来促进体内卵的成熟。如果蚊子吸食了带有病原体的人或动物的血液，再去叮咬免疫力低下的人，就可能使后者被病原体感染。通过蚊子叮咬传播的疾病主要有：疟疾、流行性乙型脑炎、登革热、黄热病、丝虫病等。

问：如何防蚊？

答：环境友好型的防蚊方法有四种：

（1）保护水体生态，让蚊子幼虫被鱼类吃掉；

图 3-27 蚊子

（图片来源：blacklistednews.com）

（2）及时清除雨后临时积水，避免蚊子产卵、滋生；

（3）涂抹带薄荷味的驱蚊油（如风油精）防止蚊子叮咬；

（4）使用纱门、纱窗、蚊帐防蚊。

问：为什么苍蝇会传播传染病？如何避免？

答：苍蝇（图3-28）喜食人与动物的排泄物，也喜食人们的食物。当接触过粪便的苍蝇再去接触人的食物时，原本存在于粪便上的病原体就会被传到食物中。人吃了这样的食物，病原体就会通过消化道进入人体，这一过程称为传染病通过"粪—口"途径传播的过程。在我国，每年由"粪—口"途径引发的传染病高达几百万例，主要有手足口病、感染性腹泻、肝炎、寄生虫病等。

在自然界，苍蝇有采食花蜜的习性，所以苍蝇有辅助植物繁衍的功能。只要让苍蝇接触不到含有病原体的粪便或腐败物，苍蝇对人类就没有什么危害了。要防苍蝇传播病原体，需注意以下四点：

（1）便池下水口须有防臭功能，户外排泄物须用泥土覆盖；

（2）垃圾桶盖要随时保持关闭；

（3）保持室内环境卫生，不产生吸引苍蝇的气味；

（4）使用纱门、纱窗避免苍蝇入室。

问：蟑螂是怎样传播病原体的？

答：蟑螂（图3-29）爱吃含糖的淀粉类食物，也取食粪便、痰液、浓血、食物残渣。蟑螂在取食时，常排便于食物上，如果来自下水道的蟑螂进入厨柜中取食，就可能使食物受到病原体的污染。蟑螂能携带多种致病细菌，如痢疾杆菌（导致腹泻）、绿脓杆菌（导致伤口

图3-28　苍蝇
（图片来源：Wikimedia）

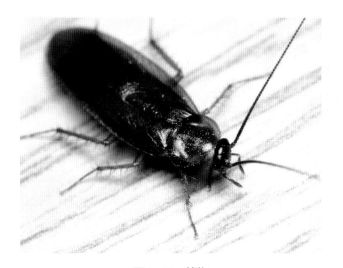

图3-29　蟑螂
（图片来源：Wikimedia）

化脓）等。蟑螂还能携带、保持并排出病毒，如肠道病毒（引发手足口病）、脊髓灰质炎病毒（引发小儿麻痹症）。

问：怎样防治蟑螂？

答：要使家中没有蟑螂出没，需做好四件事（图3-30）：

（1）下水管道与地漏都有防臭功能；

（2）保持厨房台面与柜内无水滴、无暴露的食物；

（3）房间内无清扫不到的死角；

（4）若发现家中有蟑螂，可自制无污染灭蟑药来消除蟑螂（图3-31）。

 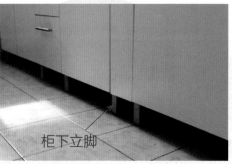  

（a）食物放在干燥的瓶罐中封闭，以防蟑螂进入。

（b）厨柜下有立脚，柜下空间能随时清扫，蟑螂难以藏身。

（c）餐具与碗柜洁净无水，蟑螂不光顾。

（d）厨柜内拉屉为金属网架，能避免蟑螂栖身。

图3-30　家中预防蟑螂的方法

　　自制无污染灭蟑药的方法：到药店购买医用硼酸粉或硼砂粉，再买一袋含糖的油炒面或早餐糊［图3-31（a）］。取硼酸粉与油炒面各一勺（1:1），放入小碗中混匀，然后加入少量的水，做成面团，捏成小块［图3-31（b）］，放在室内蟑螂出没的角落里与厨柜中。蟑螂吃下硼酸面团后会很快死亡［图3-31（c）］。因硼酸是自然界中常见的化合物，死蟑螂可以随生活垃圾一起处理（如将蟑螂扔至"其他垃圾"桶内）。

　　家是我们的居住之所，干净卫生的家庭环境才有安全感，才能给我们建设绿色、低碳家庭提供信心和力量。

（a）自制灭蟑药原料与工具

（b）制成的硼酸面团（人畜勿食用）

（c）吃下硼酸面团毙命的蟑螂

图3-31　自制无污染的灭蟑药

3.3　低碳生活的节能方法

　　低碳生活的重点之一是关注家庭的能源消耗，如果家中每月的电费、燃气费过高，则说明家庭生活的直接能耗较大。因自来水的制备与污水处理都是需要能耗的，故水费高，能耗也大。

　　目前我国发布的能源数据表明：在每年的能源消费总量中，化石能源的比重约为85%，其中煤炭和石油两者相加达90%。从这样的能源组成可知，我们生活中的能耗有约75%是来自煤炭和石油的。因这两种化石能源都会产生大量的二氧化碳排放，故做好自家中的节能减排，就能帮助减少我国二氧化碳的排放总量。

本节内容

3.3.1　减少照明能耗

3.3.2　减少家电能耗

3.3.3　减少厨房能耗

3.3.4　减少调温能耗

3.3.5　支持立体绿化

3.3.6　建树荫停车场

3.3.1　减少照明能耗

家中所有电灯的耗电量相加，就是家里的照明能耗。每天从傍晚到夜间，家里的房间、过道、卫生间、厨房都离不开电灯的照明，所以，我们的家庭每天都会产生照明能耗。

能提供照明的电灯有三种：白炽灯、节能灯、LED 灯。耗电量相同时，LED 灯的亮度比白炽灯高 10~20 倍，比节能灯高 2~3 倍，所以，用 LED 灯替换掉白炽灯或节能灯（图 3-32~图 3-37），能减少照明能耗。

图 3-32　在浴室，用 2 瓦的 LED 灯替换掉40 瓦的白炽灯

图 3-33　在客厅，用 16 瓦的 LED 灯管替换掉36 瓦的日光灯管

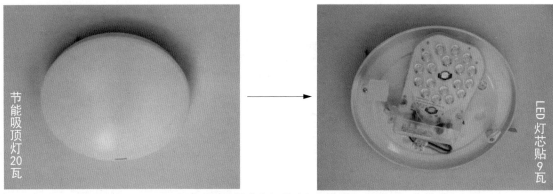

图 3-34　在过道或阳台，用 LED 灯芯贴更换掉节能灯芯（保留灯罩），更换后，灯的亮度保持不变

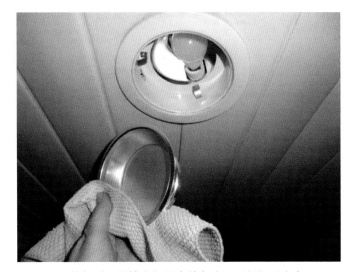

图 3-35　换灯时，要擦净灯罩中的灰尘，以保证透光率

图 3-36　在卫生间安装一个 0.3 瓦的自动感光型 LED
小夜灯，一年只耗 1 度电

图 3-37　现代家庭的节能照明首选简约式 LED 灯

家用 LED 灯功率选择参考：

√　吸顶灯（客厅、书房、卧房）：16 ~ 22 瓦

√　台灯（书桌、床头）：4.5 ~ 5.5 瓦

√　顶灯（厨房、卫生间）：5 ~ 9 瓦

√　照明灯（过道、阳台）：3 ~ 10 瓦

√　小夜灯（厨房、卫生间）：0.1 ~ 0.3 瓦

节能案例一：北京某居民将家中客厅、书房、卧室、厨房、卫生间、阳台、过道的灯具都更换成了 LED 灯，总共支出费用 645 元，灯具总功率从 272 瓦下降到 129 瓦，亮度不变，能耗减少了 53%（表 3-1）。

表 3-1　案例家庭 * 灯具改造前后的功率变化与支出记录

位置	改造前灯具功率（瓦）	改造后灯具功率（瓦）	灯具价（元）	LED 灯类型
客厅 1	32	16	45	T8 灯管
客厅 2	32	16	45	T8 灯管
书房 1	32	16	89	灯芯贴
书房 2	32	16	89	灯芯贴
卧室	32	16	45	T8 灯管
厨房	32	16	45	T8 灯管
卫生间 A	20	9	49	灯芯贴
卫生间 B	20	9	49	灯芯贴
阳台	20	9	99	吸顶灯
过道 A	10	3	45	灯头 + 灯泡
过道 B	10	3	45	灯头 + 灯泡
合计	272	129	645	—

注：* 案例家庭的居住面积为 120 平方米。

3.3.2 减少家电能耗

中国现代家庭常用的家电可分为五大服务功能：

（1）服务于厨房（如电冰箱、电饭锅、微波炉）；

（2）服务于学习（如电视机、电脑、手机）；

（3）服务于劳动（如洗衣机、吸尘器）；

（4）服务于卫生（如热水器、抽油烟机）；

（5）服务于调温（如空调、电暖器）。

如何让家用电器既能满足我们对现代化生活的需求，又不过度排放二氧化碳呢？只要做到两点即可：

（1）根据中国能效标识（图 3-38、图 3-39）去选购适合自家需求的节能型电器；

（2）用完电器后切断电源，以免电器的待机耗能。

中国能效强制实施的家电产品有电视机、电饭锅、电磁炉、洗衣机、电冰箱、电热水器、节能灯、打印机、电风扇、空调等。

最短的是深绿色，代表“未来四年的节能方向”也就是国际先进水平，

其次是绿色、黄色、橙色和红色。等级指示色标根据色彩代表的情感安排其中红色代表禁止，橙色、黄色代表警告，绿色代表环保与节能。

洗衣机能效标识的信息包括产品的生产者、型号、能源效率等级、耗电量、用水电、洗净比、洗涤容量依据的国家标准号。

因此，消费者通过能效等级标准，能够非常好的分辨出选购的产品的具体参数信息。

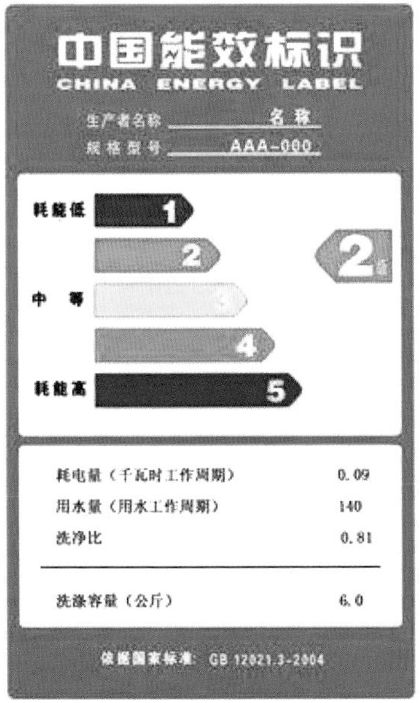

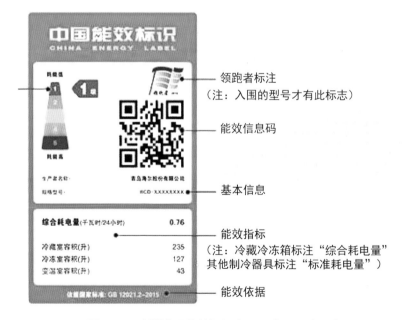

图 3-38 原版中国能效标识（2005 年 3 月启用）

（图片来源：image.baidu.com）

图 3-39 新版中国能效标识（2016 年 6 月启用）

（图片来源：image.baidu.com）

节能案例二：某家庭曾有一个大屏幕的电视机，功率为 180 W（图 3-40），更换为新电视机后，功率只有 85W（图 3-41）。新电视机的放映屏幕更大、图像更清晰，能耗却减少了 50% 以上，再配以智能节电插线板（图 3-42），也消除了电视机关机后的待机能耗。

智能节电插线板也称为"电视机伴侣"，它能感应电视机遥控器的信号而开启通电。在电视机关机后 30 秒内，智能节电插线板能接受感应而自动给主控口与受控口断电。

为满足家电与充电器对电源的需求，家中常需配备多个插线板。在购买多孔插线板时，要选择每个插孔带开关的。若使用的电器已关机，但插线孔开关却未断电，则会产生待机能耗，在此插孔的周边，

图 3-40　180 W 的老电视机

图 3-41　85 W 的新电视机

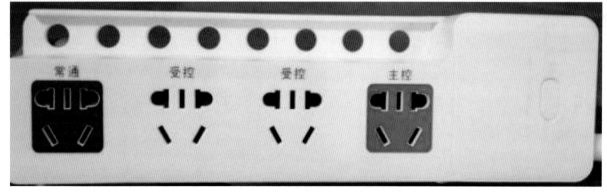

图 3-42　智能节电插线板

会测得较高的电场辐射（图3-43）。当关掉插孔开关后，待机能耗即可消除，也消除了插孔周边的电场辐射量（图3-44）。

对于洗衣机类大型家用电器，其电源插孔常在墙上。洗衣机的《使用说明书》中要求：用完之后"要拔掉电源插头"。

为洗衣机的电源插孔安装一个带开关的电源插孔转换头（图3-45），用完洗衣机后，关掉转换头上的开关就能切断电源，不必拔出洗衣机的插头。

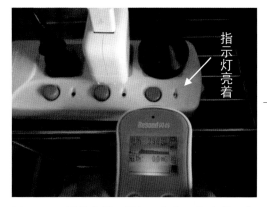

图3-43　尽管电器已关机，但指示灯亮着，表示插孔未断电。使用电磁辐射预警器测得：插孔周边电场辐射值为290微瓦/厘米^2（预警器报警）。

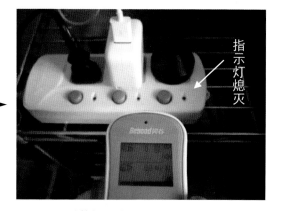

图3-44　关掉插孔的开关，指示灯熄灭，表示已断电。测得插孔周边电场辐射值为0微瓦/厘米^2（预警器安静）。

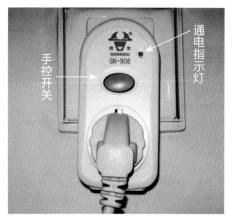

图3-45　带开关的电源插孔转换头

3.3.3　减少厨房能耗

厨房能耗来自两大类：一是电器的能耗；二是烹饪的能耗。

厨房常用的电器有电冰箱、微波炉、电水壶、电饭锅、抽油烟机。

按照家庭人数与需求去选购厨房电器，体积适中，既节能，又不占用空间。

若是常住人口为两人的小家庭，最好选择中等容量的电冰箱、微波炉等电器，而且电器的能效标识应为"耗能低，1级"（图3-46）。

烧水后，应将多余的开水存于保温壶中（图3-47）。每次使用完厨房电器之后，记住随手断电，就能有效节能（图3-48）。

图 3-47　保温壶

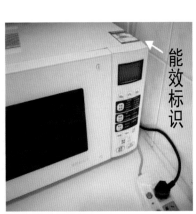

图 3-46　带 1 级能效标识的微波炉和电冰箱

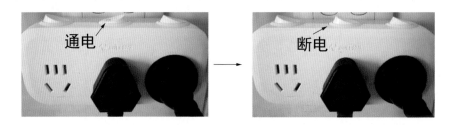

图 3-48　在厨房墙上电源处安多孔转换器，每孔带开关，用完电器方便断电。

问：如何减少炒菜的油烟?

答：炒菜的油烟大，不仅会增加厨房的污染，还会增加厨房的能耗。例如，开启抽油烟机会耗能，让锅内热量散失也会耗能。养成盖锅炒菜的习惯，就能一举解决以上两个难题。而且，盖上锅盖产生的均匀高温能快速杀灭病原体，还能分解农药，使菜熟得快。

问：盖锅炒菜如何操作?

答：炒菜前，先将精炼油、盐、调料与洗净的菜充分拌匀，然后盖上透明锅盖（图 3-49），置于炉上后再开火，火候适中。需要翻炒时，将火调小，再打开锅盖，翻炒完继续盖上锅盖，调回火候（图 3-50），静观锅中变化，菜熟即可关火。这样炒菜无油烟，锅内热量不散失，可使烹饪能耗减少 20%~30%。

图 3-49　盖锅炒菜无油烟，菜熟得快。

图 3-50　火苗调为蓝色时，燃气的燃烧最充分，火温最高，能节省燃气用量。

问：用什么厨具来煮粥、煲汤最节能？

答：选择电热压力锅（图 3-51）来煮粥、煲汤最节能，主要有三个原因：

（1）用电热压力锅煮粥、煲汤所需的时间最短；

（2）电热压力锅能保压，煮粥、煲汤时无热汽流失；

（3）电热压力锅保温好，锅内的热量难散失，即使断电，电热压力锅内的食物也能保温近 1~2 小时。

问：如何正确使用抽油烟机？

答：抽油烟机是厨房中能耗较大的电器，合理使用它既可节能，又可减少清洗抽油烟机的烦恼（图 3-52）。

其实，抽油烟机的主要功能是抽取厨房易产生的三类气体：

（1）燃气燃烧后生成的气体；

（2）烹饪食物产生的挥发性气体；

（3）水蒸气。

将油烟抽入楼房的管道中易使油脂积累，引发火灾，故抽油烟机的原本功能不是抽油，而是排气。

盖锅炒菜会减少油烟的产生，没有必要开抽油烟机，但完成烹饪之后，可开启抽油烟机给厨房换气。缩短抽油烟机的使用时间既有利于节能，也能减少厨房的噪声。

图 3-51　电热压力锅

图 3-52　若有盖锅炒菜的习惯，家中厨房的抽油烟机基本不积累油污。

3.3.4　减少调温能耗

在我国，家庭的调温能耗一般出现在夏季和冬季。夏季气温高时，家庭需要空调来降低室内温度；冬季寒冷时，家庭需要暖气来给室内供暖。

低碳生活使用空调、暖气调温的原则是：在夏季，室内温度不低于 26℃；在冬季，室内温度不高于 20℃。

以某个二人之家为例，居住在北京，住房面积为 120 平方米，家中配备有两台空调和一台燃气自采暖壁挂炉，分别用于夏季降温与冬季采暖。室内温度在夏季能保持 26～28℃，在冬季恒定为 20℃，相应产生的调温能耗与支出情况见表 3-2。

表 3-2　北京某二人家庭调温能耗与支出情况

时期	调温耗电	电费	调温耗燃气	燃气费	支出合计
夏季空调期	120 度 / 月	60 元 / 月	—	—	60 元 / 月
冬季采暖期	100 度 / 月	50 元 / 月	200 米^3/ 月	530 元 / 月	580 元 / 月

问：使用空调如何节能？

答：空调节能有以下三点（图 3-53）：

（1）选购低能耗（能效标识为 1 级）的空调产品；

（2）给空调安装遥控智能节能插座（空调伴侣），能在空调关闭时自动断电；

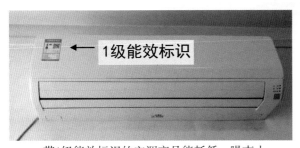 

带1级能效标识的空调产品能耗低，噪声小　　遥控智能节能插座

图 3-53　使用空调的节能方法

（3）空调遥控器设置温度不低于 26℃，多用除湿功能。

问：家庭燃气自采暖壁挂炉如何节能？

答：做好以下四点即可：

（1）选用低能耗（能效标识为 1-2 级）的燃气自采暖壁挂炉（图 3-54）；

（2）暖气水温设置在 45～55℃；

（3）暖气片控制阀设在 3～5 档（图 3-55）；

（4）做好室内的保暖（图 3-56～图 3-58）。

问：家里是集中供暖，暖气片无控制阀，冬季过热，怎么办？

答：可联系供热公司上门服务，为暖气片安装控制阀（图 3-59）。

能效标识

图 3-54　家用燃气热水壁挂炉

图 3-55　将暖气片的控制阀（0~9）设置在 3~5 档，以 45~55℃的水温持续供暖，这易使室温恒定在 20℃，给房间提供温度的舒适感

无窗贴　→　有窗贴

图 3-56　在冬季，给家中玻窗贴上玻璃贴膜，能减少玻璃吸收室内的热量，有利于保暖。玻璃贴膜靠吸附力贴在玻璃表面，可随时揭下，下次再用

图 3-57　纱帘有很好的透光性，能在冬季减少室内热量的散失，也能在夏季阻挡部分来自室外的热辐射

图 3-58　竹帘也能在冬季隔寒，在夏季遮阳，因其有透光性，放下竹帘仍能让室内有足够的光线，可减少白天的照明能耗

无控制阀的集中供暖设备易使家中暖气片温度过高，引发冬季室内燥热，不利于健康。

给老旧暖气管道安装控制阀，可使用金属油漆粉刷管道与暖气片，使老旧暖气片焕然一新，且可调温。

图 3-59　给暖气片加装控制阀

3.3.5　支持立体绿化

在夏季，若想减少居住环境的炎热，可以采取一些措施来帮助环境降温。

栽种树木、攀缘植物，种植多层植被来进行立体绿化，十分有利于给环境降温，也有利于降尘，且能保护生物多样性，故立体绿化有多重提升室外环境质量的效应。

树木能给建筑物遮荫、挡风，攀缘植物能在建筑物的外墙上形成一个夏季挡晒、冬季隔冷的保温层，因此，立体绿化有助于减少建筑物的能源消耗（图3-60、图3-61）。

要在夏季给社区营造出凉爽的小环境，可以做的事主要有：用树木遮荫，让地面透水，种植多样植物，让攀缘植物上架、上墙。若社区的立体绿化做得好，还能起到降低城市热岛效应的作用（图3-62）。您的社区中有立体绿化吗？您愿意为实施和保护社区的立体绿化做贡献吗？

图3-60　在夏季，建筑物外墙的立体绿化能遮挡曝晒，给室内降温

图3-61　在冬季，落叶后的攀缘植物有密网般的藤结构，也有滞尘和减风的作用

社区中的树荫通道可为社区降温。

社区花园里的多层植被可为社区降温。

社区搭建的植物棚架可为社区降温。

社区居民的自助绿化可为社区降温。

图 3-62 社区中的立体绿化

走向低碳时代　建设美丽中国
社 区 志 愿 者 参 考 图 册

3.3.6　建树荫停车场

　　将社区中利用价值低的绿地改造成为树荫停车场能够一地两用，这让社区既有一片树林，又能解决停车位紧张的问题。

　　在夏季，停在树荫下的车辆不会受到暴晒，能耗会大幅减少。若在树荫停车场里洗车，洗车水可直接渗入地下，供树根利用，由此可免去给树木浇水（图 3-63）。

树荫停车场车道中间的浅沟有利于吸水。　　　　　地表植被长在砖孔里，不会被车轮碾压。　　　　　树荫停车场在夏季可让司机在车外休息。

图 3-63　树荫停车场

3.4　居家生活的节水妙招

在您生活的地区，人均水资源占有量是多少？每月人均生活用水量是多少？每日人均用水多少升？若您不清楚，可以上网查一下，再自己算一下。以北京为例，在《北京市 2019 年国民经济与社会发展统计公报》中可以查到：北京市全年水资源总量 24.6 亿立方米，年末全市常住人口 2 153.6 万人。两数相除得知：2019 年北京市人均水资源占有量为 114 立方米 /（人·年）。这份水资源要为生活、环境、农业、工业四方面供水。

> ↘ 本节内容
>
> 3.4.1　减少冲厕用水
>
> 3.4.2　减少洗衣用水
>
> 3.4.3　减少洗澡用水
>
> 3.4.4　减少盥洗用水
>
> 3.4.5　减少保洁用水
>
> 3.4.6　减少厨房用水

问：每月人均生活用水量如何计算？

答：以北京为例，根据《北京市 2019 年国民经济与社会发展统计公报》，北京市全年生活用水 15.6 亿立方米。与北京当年的常住人口数（2 153.6 万人）相除得知：2019 年北京市人均生活用水量为 72 立方米 /（人·年），再平分到 12 个月，每月人均生活用水量为 6 立方米 /（人·月）。

问：如何计算每日人均生活用水的升数？

答：以 2019 年的北京市为例：6 立方米 /（人·月）÷30 日 / 月 × 1 000 升 / 立方米 = 200 升 /（人·日）

问：现代化社会的家庭生活用水各类占比是多少？

答：来自德国的研究数据是：冲厕所用水占 25.3%，洗衣服用水占 25.3%，洗澡用水占 25.3%，洗澡之外的盥洗用水占 9.5%，保洁用水占 6.3%，洗碗用水占 4.5%，煮饭与饮用用水占 3.8%。

3.4.1　减少冲厕用水

　　成人体内的含水量约为 65%，因排尿与出汗，体内的水分在不断流失，人必须每天喝水来补充身体的水分。正常的补水量是：成人每天约需 2.5 升，儿童减半。

　　健康者每天上厕所约 8 次，若每次冲厕所用水 3～6 升，一天冲厕所的用水量为 24～48 升，则每人每天冲厕所的用水量比喝水量高出 10～20 倍。

　　减少冲厕所用水三要点：

　　（1）选择水效等级为 1 级、最大用水量小于 5 升的节水座便器；

　　（2）在有两档的冲水按钮处，给小水档贴上标识（图 3-64）；

　　（3）在座便器水箱中放置可减少容量的物体，如水箱中放 3 个剪去上口的 500 毫升矿泉水瓶，它们共占据了 1.5 升水的容量，每次冲水时，能减少约 1.5 升出水量（图 3-65）。

图 3-64　贴了小水档标识的座便器

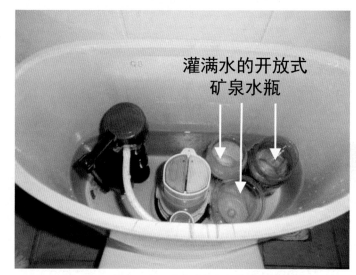

图 3-65　装有 3 个开放式矿泉水瓶的座便器水箱

3.4.2　减少洗衣用水

减少洗衣用水主要有两步：第一步，攒衣集中洗；第二步，选择洗衣量合适的节水型洗衣机。

（1）攒衣集中洗

设置一个收纳脏衣的透气筐［图3-66（a）］。从周一到周五，每天换下的袜子、内裤与其他脏衣、毛巾都放入筐中［图3-66（b）］。因筐内干燥而透气，脏衣上的水分易挥发，微生物无法繁殖，脏衣不会发臭。到了周末，将筐中脏衣分成两类，用洗衣机洗涤即可。

洗衣时按颜色分类，浅色衣物（内衣、毛巾、衬衣、袜子等）一起洗，深色衣物（内衣、外衣、袜子等）一起洗。因洗衣液中的表面活性剂有灭活病原体与分离污物的作用，洗衣过程就完成了对衣服的杀菌与消毒。

有人认为，袜子很脏，必须单独洗。因为袜子穿在脚上，地面上的微生物容易到达，又因袜子穿在鞋中，脚温与脚汗提供的温度与湿度正好有利于微生物在袜子纤维上繁殖，所以，袜子必须每天换。只要每天换袜子，就不会出现袜子脏臭的问题了。

（a）给家里备一个收纳脏衣的透气筐。　　（b）脏衣筐盖保持关闭。周末时，打开衣筐，取出脏衣集中洗。这能减少洗衣用水，也可减少洗衣的能耗。

图3-66　收纳脏衣的透气筐

（2）选择洗衣量合适的节水型洗衣机

问：什么是洗衣量?

答：待洗衣物的干重。洗衣机产品额定洗涤的千克数，指的就是干衣重量。

问：如何知道自家的洗衣量?

答：使用家中的台秤，自己就能称出各类衣物的干重。表3-3为衣物、毛巾、被单等干重的参考值。

表3-3　衣物、毛巾、被单干重参考值

衣物	重量（克）	毛巾、被单	重量（克）
袜子	30	小方巾	50
内裤	50	脸巾	100
T恤衫	150	浴巾	350
衬衣	250	薄被套	750
外裤	450	床单	750
外衣	450	厚被套	900

每人每周更换的衣物与毛巾为7双袜子（图3-67）、7条内裤、2件T恤、2件衬衣、1条外裤、1件外衣、2条方巾、1条脸巾、1条浴巾，每人每周需洗涤的干衣重量约为2.8千克。

问：节水型洗衣机有什么特点?

答：节水型洗衣机有多档水位。洗衣机能自动感知衣服的重量，然后自行调节水位的高低——衣服多时，水位高；衣服少时，水位低。需要时，手动也能调节水位（图3-68）。

图3-67　每周集中洗的袜子正在晾晒中

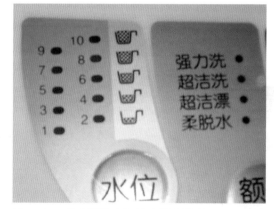

图3-68　节水型洗衣机的水位通常有8~10个档

3.4.3 减少洗澡用水

有三个环节能帮助减少洗澡用水：

（1）选好热水器。当热水器输出的水温恒定时，能避免洗澡期间为调节水温而浪费水。选择节能智能型数控式热水器，就能获得恒定的水温。

（2）可安装节水型淋浴喷头或节水阀（图3-69），也可调整给淋浴头供水的水阀开关来减少淋浴头的出水量（图3-70），这可将每分钟的出水量从6~8升降至约3升。

（3）将淋浴时间控制在10分钟左右。当淋浴头的出水量为3升/分钟时，洗澡10分钟的耗水量约为30升。

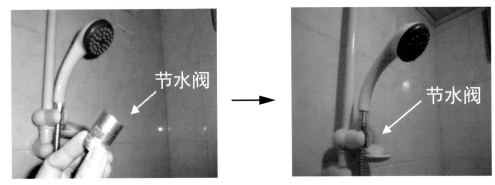

图 3-69　安装节水阀

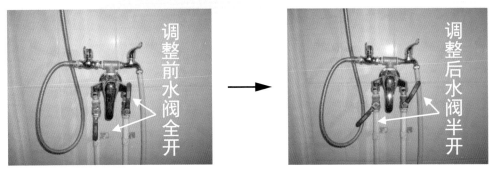

图 3-70　淋浴前调整水阀开关

3.4.4　减少盥洗用水

盥洗指的是洗脸、刷牙、洗手等保持身体清洁的洗涤，但不包括洗澡。卫生间的洗手池就是人们每天的盥洗之处。

减少盥洗用水需做好两件事：

（1）给洗手池上的普通水龙头加一个花洒式出水口（图3-71），也可在水池下将输水阀门关小（图3-72）；

（2）不将毛巾放入水中搓洗，而是养成用手直接捧水洗脸，然后使用干毛巾擦净脸上水滴的洗脸习惯。为了避免微生物大量繁殖，所有毛巾都必须干用。

此普通龙头出水量：5升/分钟　　　换为花洒式龙头出水量：2.5升/分钟

图3-71　安装花洒式出水口前后效果对比

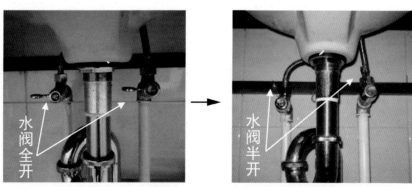

水阀全开输水量：6.4升/分钟　　　水阀半开输水量：3.2升/分钟

图3-72　调整输水阀门开关的前后效果对比

问：为什么所有毛巾必须干用？

答：棉纤维是毛巾的主要成分，有很强的吸水与储水功能。棉纤维是来自植物的碳水化合物，能被微生物分解。当毛巾吸满水后，藏在毛巾纤维中的微生物因水分充足而有了良好的生长条件，于是开始活跃地代谢、繁殖，毛巾就会发臭、发黑甚至腐坏，所以使用湿毛巾没有卫生保障。让毛巾保持干燥，微生物没有繁殖条件，毛巾就不会发黑、发臭了。

卫生使用毛巾的做法：擦手、擦脸、洗澡、擦脚的毛巾都要保持干燥，这些干毛巾只用于给洗净的皮肤擦去水滴。水滴在干毛巾中会很快被棉纤维吸收，不会有多余的水分留在毛巾缝隙里供微生物生长。擦了水滴的毛巾，如脸巾、浴巾（图 3-73）等，都要摊开晾置，促其水分蒸发，这样做能避免毛巾发黑、发臭。每周要更换一次毛巾，投入洗衣机中洗涤。

摊开晾置的脸巾。干毛巾能阻止微生物繁殖，不会发黑、发臭。

干浴巾使用后也须摊开晾置。

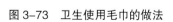

图 3-73　卫生使用毛巾的做法

3.4.5　减少保洁用水

清除室内灰尘是家庭保洁的主要内容。在中国古画中，常有手持着掸子的画中人，学者们认为，掸子就是中国古代的保洁工具。从现代卫生的角度来看，掸子确实是科学的保洁工具——它柔软，在拂去灰尘时不会碰伤物件；它飘逸，不藏污纳垢；它干爽，不滋生微生物。鸡毛掸子（图3-74）就是从中国古代沿用至今的保洁工具。

按照中国古人的思路，保洁工具干用即可，一般不需要用水。笔者认为：古人是对的。在随时都能拂去灰尘的环境中，室内台面的积尘少，使用干的保洁工具除尘效果好。只有在污渍多或积尘重的环境里，才需要用水保洁，需要水的溶解力与黏附力去洗污渍、除积尘。

选择可以干用的保洁工具，就能节水，而当今流行的超细纤维除尘掸就是这样的好工具（图3-75）。

超细纤维除尘掸的使用及清洁方法见图3-76和图3-77。

图3-74　中国传统的保洁工具——鸡毛掸子

（图片来源：www.cnyigui.com）

干的超细纤维除尘掸对灰尘具有吸附作用，可随时为家具表面除尘，脏后再洗，有利于节水。

在干燥状态下，超细纤维组成的类似珊瑚的结构有很大的表面积，灰尘颗粒进入超细纤维的缝隙中，即能被吸附住。

图3-75　超细纤维除尘掸

超细纤维除尘掸可为家具、玻璃、陶瓷、电脑、电视机屏幕、金属、藤竹制品、棉布等表面保洁。

对需要用水擦的污渍处，使用喷壶喷少量水在污渍上，再用干的超细纤维除尘掸擦净即可。

将超细纤维除尘掸挂在方便的位置，可随时为家具表面除尘。周末集中清洗即可。

使用长的超细纤维除尘掸，清洁窗户与窗帘很方便。

图 3-76　超细纤维除尘掸使用实例（一）

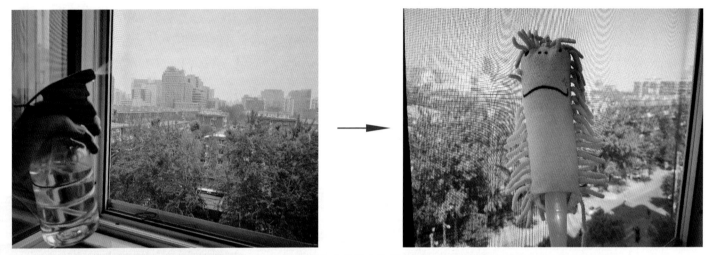

清洁纱窗法：先向纱窗喷水，再用超细纤维除尘掸擦去纱窗上的积尘。纱窗积尘重时，可湿用除尘掸。

超细纤维墩布可擦地，也可擦瓷砖墙面。

超细纤维墩布也可用于擦玻璃窗。

图 3-76　超细纤维除尘掸使用实例（二）

家中设置一个专洗清洁工具的迷你洗衣机。洗净后的清洁工具再放入常规洗衣机中甩干水分。

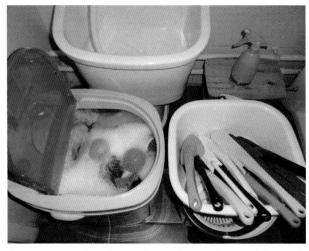

超细纤维除尘掸的清洗方法：将超细纤维除尘掸放入洗衣机中，用洗衣液常规洗涤即可。

洗净甩干的超细纤维除尘掸直接套入手柄中，挂回原处自然晾干，即可再用。

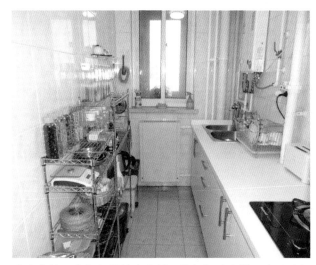

厨房中挂一个超细纤维除尘掸，能轻松对瓶罐、台面进行保洁。

图 3-77　超细纤维除尘掸的清洁方法

3.4.6　减少厨房用水

洗碗和洗菜在厨房用水中占比最大。为节约厨房用水，要坚持一个原则：绝不能开着水龙头，用流水来洗碗、洗菜。这是因为：普通水龙头的出水量是每分钟 5～10 升，若开着水龙头洗碗、洗菜，10 分钟流失的水量可达 50～100 升。在北京，每人的日均生活用水量约为 200 升，用流水洗一次碗或菜就会耗掉 1/4~1/2 的日用水量。

问：什么方法洗碗、洗菜比流水冲洗的效果更好？

答：先将水盛在水盆中（水量约为 5 升），然后在盆中洗碗或洗菜。洗完第一遍后，再用等量的清水在水盆中清洗碗或菜，清洗两次即可。这样洗碗或洗菜的总用水量可控制在 15 升左右，比流水清洗节水 3～6 倍，但碗或菜的洁净度不低于流水洗，而且安全度更高（图 3-78）。

图 3-78　在盆中盛水洗碗或洗菜，节水效果好

问：为什么在水盆中洗碗、洗菜的安全度更高？

答：先说洗碗。为了去油，洗碗要使用洗洁精（或洗涤灵），洗洁精的主要成分是表面活性剂。许多人习惯将洗洁精直接抹在碗上，然后开着水龙头冲洗。有研究表明，用流水冲洗碗的时间哪怕高达 13 分钟（耗水量 65~130 升），餐具表面上仍有洗洁精残留，而使用残留有表面活性剂的碗对健康是不利的。所以，洗洁精必须稀释上千倍之后，使用才安全。

洗碗前，在盛有约 5 升水的水盆中加入数滴（约 1 毫升）洗洁精，搅匀后，再将碗放入水中洗（图 3-79）。此时水中洗洁精的含量大约只有原液的五千分之一，第一次洗完后，再用等量的清水清洗碗，此时，水中洗洁精的含量已降至为原液的约五十万分之一，再用等量清水做第二次清洗，水中洗洁精的含量减少到原液的约五千万分之一了。这样洗碗，总用水量约有 15 升，但去除洗洁精残留的效果却非常好。

再说洗菜。洗菜是为去除泥沙和农药残留，让菜在水中浸泡着洗，比流水洗的效果更好，因为浸泡有助于洗脱泥沙与溶解农药。与洗碗相同，菜洗完第一遍后，再用清水清洗两遍即可（图 3-80）。

节水洗碗法：将水盛在双水盆的小盆中，加几滴洗洁精入水，稀释比例约1：5 000。然后将碗放入水中洗涤。先洗较干净的，再洗较脏的，最后洗锅和用于回收的包装盒。

洗洁精的去除：用含有洗洁精水洗过的碗，仍需要认真清洗才能去除洗洁精残留。方法是用盛在盆中的清水清洗两次，碗上的洗洁精残留就可忽略不计了。

图 3-79　节水洗碗法

菜放在菜盆中，浸泡在水中洗，使用夹子抓菜，可避免手接触冷水。

使用小刷刷洗浸泡在水中的菜（替代手搓），洗菜效果好。

对带泥的薯类要先削去外皮，再放入水中洗，以免洗菜水变为泥浆。

图 3-80　节水洗菜法

3.5　节约粮食与垃圾分类

问：为什么要节约粮食？

答：地球上有 25 万余种植物，其中有约 3 000 种被人类作为农作物试种过，但只有约 300 种植物被试种成功，其中约 100 种用于了大规模耕种，给人类提供食物、油料和纤维。

现代人类依赖的粮食绝大部分只来自 8 种植物，它们是稻米、小米、玉米、小麦、大麦、燕麦、高粱和黑麦（图 3-81）。到 20 世纪末，这 8 种植物的年总产量约为 15 亿吨，若全球停止生产粮食，世界存粮只能维持人类生存 40 天左右。所以，节约粮食是每个现代家庭必

您认识哪些谷物？

稻米（图片来源：pxhere.com）

玉米（图片来源：ar.Wikimedia.org）

小麦（图片来源：ar.Wikipedia.org）

小米（图片来源：tropical.theferns.info）

燕麦（图片来源：ar.Wikimedia.org）

图 3-81　人类赖以生存的谷物

须坚守的环保原则。

问：为什么要进行垃圾分类？

答："生活垃圾"是指日常生活中产生的所有废物。现代社会的生活垃圾主要有四大类：包装垃圾、易腐垃圾、厕所垃圾、建筑垃圾，它们的特性各异，简述如下：

（1）**包装垃圾**多是人工合成的材料（如塑料等），为了保护商品，包装材料几乎都有防腐功能，难以自然降解，故包装垃圾不能扔到大自然中，必须收集处理。

（2）**易腐垃圾**来自大自然生长的生物（如果皮、菜叶等），让它们回归自然，它们能化为肥料，滋养土地。

（3）**厕所垃圾**携带人的排泄物（如粪便、血液等），必须封闭式处理，才能有效防止病原体的传播，减少发生传染病。

（4）**建筑垃圾**主要产自旧房改造（如废砖、废板等），它们可在庭院建造中得到利用，也可在收集后加工成为砾石或木屑。

问：以上四大类生活垃圾都能资源再利用吗？

答：生活垃圾都能被资源再利用。只要将不同的垃圾分开投放，现代技术就能将它们全部转化为资源或能源，途径有四条：

（1）制作有机肥、沼气（适合易腐垃圾）；

（2）回收再造新产品（适合可回收物，包括干净的塑料、纸类、织物、玻璃、金属、复合材料）；

（3）高温焚烧发电（适合不可回收但热值高的垃圾，如食物包装、卫生用品）；

（4）制作铺路地砖、垒岸石块（适合砖石类建筑垃圾）。

3

建设美丽中国，
从家庭与自己做起

Part

three

3.5.1 吃饭用餐要光盘

留学归国的陈女士讲过这样的经历：她刚到美国留学时，班里有个人人皆知的百万富翁同学，名叫皮特。皮特20多岁，百万财产是父亲留给他的。他人很和善，衣着也很普通，与同学们在一起时，皮特丝毫不显示自己有什么与众不同。随和的皮特很快就与陈女士以及班上的另一位中国留学生成了朋友，下课后，他们常常一起去食堂吃饭。陈女士注意到她的中国同学有爱剩饭的毛病，每次买来的饭他总是吃不完，最后只好剩在盘子里。陈女士看在眼里，虽觉得不太好，却没有提醒自己的同胞。皮特也注意到了这位同学剩饭的习惯，他不解地问这位中国同学："为什么要剩饭？吃不完？为什么不少买一点？"遗憾的是，这位娇生惯养的中国留学生让自己的饭天天照剩不误。有一天，皮特看不下去了，就端过那位同学的剩饭吃掉了。

皮特的行为给了陈女士极大的震撼，可以说，皮特有花不完的钱，但他却不能容忍浪费。后来陈女士开始留心观察美国这个发达国家的人们对剩饭所持的普遍态度，她惊讶地发现：无论是在餐馆或是饭厅，人们几乎从不剩饭，总是把盘子里的食物吃得光光的，如果有剩餐，大家都习惯地把剩餐带回家。如果饭后留下一大桌剩菜就走人，会被看成是难以理解，甚至是可耻之事。

笔者在留学德国时，在同事贝尔姬家中住过两年。贝尔姬是一位德国工程师的独生女，有着被宠爱过的性格，可在节约粮食的问题上她却做得一丝不苟。对于吃饭，她有两个原则：第一，不剩饭；第二，不能在菜中只挑自己爱吃的。贝尔姬告诉笔者，这是她从小接受的母亲的教导，也是一代又一代、千千万万个德国母亲对自己孩子的教导。这种家庭教导对小孩子来说是轻松而容易培养成习惯的，所以才有了全社会不浪费粮食的普遍风气。这种家庭教导在发达国家似乎较为普遍。

中国有14亿多人口，2019年中国的粮食产量为6.64亿吨。在英国《经济学人》杂志旗下的经济学人智库发布的《2019年全球粮食安全指数》（*Global Food Security Index*，GFSI）排名中，美国位居第3，德国位居第11，中国位居第35。我们要告诫自己：坚守珍惜粮食的习惯，教会自己的孩子吃光盘中的食物。这样做了，我们才能是有教养的人，而我们的孩子才能成长为符合21世纪环保要求的世界公民。

3.5.2 易腐堆肥能种菜

"易腐垃圾"的学名叫作"生物垃圾"，因为它们曾是生物体的一部分（如菜叶、果皮、落叶）。死亡的生物会自然腐烂，所以生物垃圾有易腐的特点。在原始森林的土壤中，腐殖质含量很高，这些腐殖质就是生物垃圾腐化后留给土壤的肥料。当土壤含有大量腐殖质时，土质会呈现出颜色棕黑、透气疏松、吸水性好、肥力充足的特质。

问：能在家中的花盆里将生物垃圾变成土壤腐殖质吗？

答：能。在家庭产生的生物垃圾中，最适合给花盆作肥料的是用完的茶叶和咖啡渣（图3-82）。这是因为，茶叶和咖啡渣细小，易在土壤中腐化分解，它们又经开水泡过，无活性虫卵，故放入花盆的土壤不会带来虫害问题。将煮熟鸡蛋的蛋壳晾干后研成碎渣，也可用作肥料。新鲜的菜渣或果皮放入花盆土壤中可能引发虫害，故不推荐。

问：怎样将菜叶、果皮类易腐垃圾做成肥料呢？

答：如果您居住的社区有室外小花园，最好在花园内设置一个生物垃圾堆肥箱（图3-83）。菜叶、果皮、落叶、草渣、凋花、蛋壳等都能投入堆肥箱中，让它们就地转化为有机肥（室外堆肥的操作步骤详见本书3.6.4）。也可让生物垃圾由专业公司清运走，用于堆肥或制作沼气。

图3-82 将泡过的茶叶、咖啡渣放入花盆土壤中，能增加
土壤的有机质，提升土壤的透气性、吸水性和肥力

图3-83 置于室外花园的生物垃圾堆肥箱

问：堆肥有哪些要求？

答：堆肥一般有四个要求：

（1）堆肥箱底要与土壤相通；

（2）堆肥箱周边能方便获取土壤，以覆盖新加入的
生物垃圾；

（3）堆肥箱的透气性好，适合好氧发酵（不会产生
臭气）；

（4）让堆肥体保持60%的湿度（必要时可洒水
加湿）。

问：在已实施垃圾分类的社区，怎样保障厨余垃圾
能够清洁收集与利用？

答：因处理厨余垃圾是利用微生物发酵技术，故厨
余垃圾必须是能被微生物降解的生物垃圾（如菜叶、果
皮）。若厨余垃圾中有剩饭剩菜，其中的盐分不利于厨
余垃圾制造有机肥，应利用洗菜水或洗碗水（不含洗洁
精）将剩饭剩菜冲洗之后，才能将其投入厨余垃圾收集
容器中。家庭清洁收集、存放、投倒厨余垃圾的步骤操
作如下（图3-84）：

第一步：沥去厨余垃圾的水分。

第二步：使用保鲜盒存放厨余垃圾。

第三步：将未装满厨余垃圾的保鲜盒存
放于冰箱冻格中，以防止其腐烂发臭。

第四步：将装满厨余垃圾的保鲜盒送至社区
厨余垃圾收集容器前，将盒中的厨余垃圾倒
入容器中。

图3-84　清洁收集、存放、投倒厨余垃圾的步骤

3.5.3　厕纸冲走助净水

厕所废物上有粪便或血液，极易通过苍蝇等虫媒接触而传播病原体，引发传染病，故厕所废物必须封闭式处理。在发达国家，厕所废物分为两类，处理方法也不同（图3-85）：

第一类，厕纸（又称"卫生纸"），因其遇水即化，必须将其投入便池中，随水冲走；

第二类，湿巾、手帕纸、卫生巾因不能在水中融化，会堵塞管道，所以须将用过的卫生巾、湿巾包裹后投入垃圾箱中。

问：厕纸会堵塞管道吗？

答：厕纸是不会堵塞管道的。您可做个小测试：取卫生间常用的厕纸，放入一杯水中，再用筷子轻轻搅动（模拟便池冲水时水的旋转）。您会看到，不到1分钟，卫生纸全部融化为细小的纸纤维，这样的纸纤维不会堵塞管道。因能吸附微生物与颗粒物，卫生纸的纸纤维有助于净化污水。

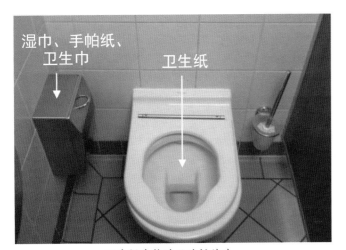

卫生间废物的正确投放法

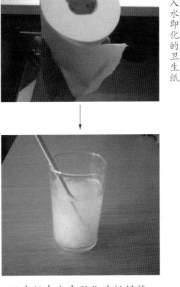

卫生纸在水中融化为纸纤维，有助于净化污水。

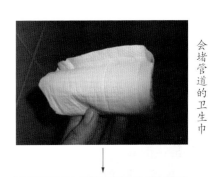

卫生巾包裹后投入垃圾桶，可用于焚烧发电。

图3-85　卫生间中的卫生纸与卫生用品不同的处理方式

问：卫生间提供的座便器纸垫该如何投放？

答：座便器纸垫也是入水即化的，使用完后随水冲走即可。为了方便冲水，在座便器上铺设纸垫时，要将中心部分撕出的纸舌置于便池中。如厕完后，直接按冲水按钮，出水时，便池中的纸舌会将整个纸垫拉入便池中，纸垫会被水带走，最后，纸垫在便池中消失（图3-86），进入下水管道。与厕纸一样，纸垫会融化为纸纤维，随污水一起处理，有利于污水的净化。

问：纸纤维在污水处理之后，最终会变成什么物质？

答：纸纤维在经过污水处理后，可通过厌氧发酵转化为两类物质：①甲烷气体，可用于发电，或制备生物天然气；②有机质，可作为有机肥用于改良土壤。纸纤维来自植物，属于有机废弃物。图3-87左下角的运输车下方写着"市政污泥、餐厨垃圾等"，此类污泥就是污水处理厂产生的沉淀物，卫生纸与座便器纸垫化为的纸纤维就汇聚在其中。

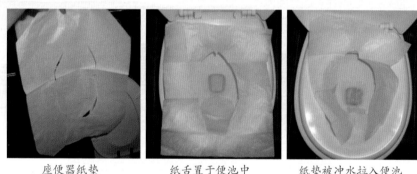

座便器纸垫　　　　纸舌置于便池中　　　　纸垫被冲水拉入便池

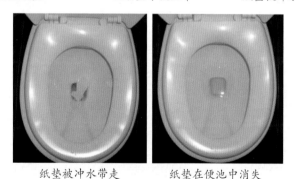

纸垫被冲水带走　　　　纸垫在便池中消失

图3-86　座便器纸垫的使用方法

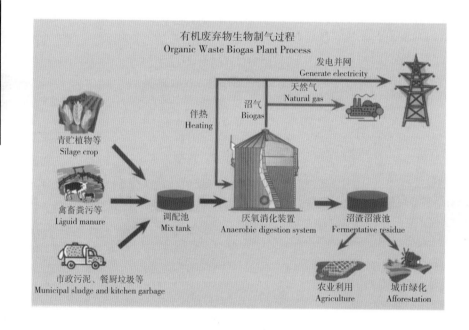

图3-87　有机废弃物生物制气过程

（图片来源：利浦技术）

3.5.4　可回收物送回收站

如果注意一下您手中的塑料袋（图 3-88）、塑料餐盒（图 3-89）、饮料瓶的底部，您可能会发现一个带有数字的、由三个箭头组成的三角形符号，这个符号就是循环再生标识。

图 3-88　带有循环再生标识的塑料袋

图 3-89　带有循环再生标识的塑料餐盒

三角形中的数字有 1~7 号，分别代表不同的塑料材质，所有带此三角形符号的塑料废弃物都是"可回收物"。

为了更好地进行家中"可回收物"的收纳，可以给家中专设一个塑料废物回收桶（图 3-90），套上尺寸相应的回收袋。将用过的带有回收标识的塑料袋与餐盒等洗净、晾干后投入回收袋中，装满袋后，将这些可回收物交给再生资源回收者，这有助于再生资源的回收再生。

除了可回收的废塑料，纸箱纸盒、报纸旧书、废金属、废玻璃、旧衣服、旧电器都是可回收物（图 3-91）。如果您家中有需要清理掉

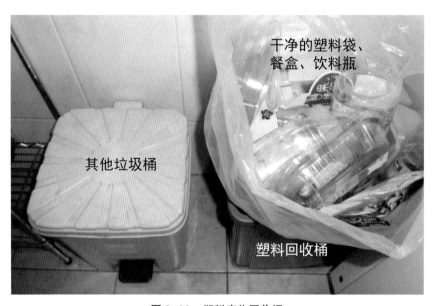

图 3-90　塑料废物回收桶

的可回收物，您可以把它们送到再生资源回收站（图3-92），或者打电话让专门的工作人员上门来取。这能帮助可回收物转化为再生资源，也能减少家中的生活垃圾产量。

图 3-91　某家庭一周产生的可回收物与其他垃圾

图 3-92　北京市海淀区某居民楼旁的再生资源回收站

　　在北京的一些街道与社区，再生资源回收站的主要设施是一辆封闭式的卡车，车上印有"再生资源回收车"的字样（图3-93）。再生资源回收车停靠在居民楼附近，方便居民前来提交废品，也有利于回收人员上门服务。

　　如果您想具体了解哪些废物属于"可回收物"，您可向负责回收的工作人员请教。您会发现：原来家中长期不用的多种废物都是可回收物（图3-94），您将不再会把它们当作垃圾扔掉了。

图 3-93　北京的再生资源回收车

薄膜塑料

硬塑料

饮料瓶

纸板、金属、橡胶、书刊报纸

以上废物中，只有红圈内的铝塑包装不可回收，其余都是可回收物。

易拉罐

旧电器

旧磁带与盒

图 3-94　可回收物

3.5.5　可燃垃圾能发电

有些在日常生活中产生的垃圾是不可回收的，如包装过食物、调料的塑料袋。因塑料难以降解，填埋法不能降解塑料垃圾，而塑料的原料来自石油或天然气，有很高的热值（易燃，且燃烧时释放的热量高），这类垃圾可用于焚烧发电，焚烧后的灰渣可用于制砖。不可回收的纸、纤维、坚果壳、草席等也可用于焚烧发电。

问：焚烧垃圾会不会产生污染？

答：简易的垃圾焚烧会产生污染。生活垃圾中常有塑料与含氯物质（如盐），当燃烧温度在 200～400 摄氏度时，会产生出一类环状的含氯有机化合物，称为"二噁英"。二噁英具有致癌、致畸、致突变和环境激素等危害人和动物健康的作用。

问：垃圾焚烧发电如何净化烟气？

答：为减少垃圾焚烧时产生的二噁英，安全焚烧生活垃圾的温度须保持在 850℃以上。在此高温环境中，二噁英会分解成二氧化碳与水，故保持高温焚烧是减少二噁英产生的关键。

此外，垃圾焚烧发电厂还需要配备给烟气快速降温、吸附、除尘等多道净化步骤，最终使垃圾焚烧发电厂排放的烟气以白色的水蒸气（图3-95）为主，烟气中的二噁英、酸性气体、重金属等污染物达标排放。

图 3-95　北京高安屯垃圾焚烧发电厂

注：其排放的烟气中的二噁英检出量达到欧盟最严的排放限值（0.1 纳克毒性当量／米^3）

问：可燃垃圾应投放到哪个垃圾分类桶中？

答：按照国际惯例，可燃垃圾应投放到"其他垃圾"桶中。在北京，"其他垃圾"统一由环卫部门以焚烧发电的方式处理。在上海，可燃垃圾归类为"干垃圾"。从上海市发布的干垃圾说明（图3-97）中可见，除可燃垃圾外，干垃圾还包括大骨头、硬贝壳、陶瓷制品、镜子等不可燃烧的垃圾，这是否与垃圾焚烧发电处理相矛盾呢？从垃圾焚烧发电最终会产生灰渣来看，有些不可燃烧的废物能够随灰渣一起资源化处理，如制砖等。

适合高温焚烧发电的生活垃圾举例（图 3-96）：

手帕纸、面巾纸、卫生巾、一次性
口罩、创可贴、棉签、烟蒂、海绵等

图为 2012 年北京高安屯垃圾焚烧发电厂的中控室。当年此发电厂
的年上网电量已达 2.2 亿千瓦·时。

坚果壳、花生壳、果核、玉米芯等

餐盘纸垫、餐巾纸、一次性吸管、筷子等

适合高温焚烧的生活
垃圾有：
√ 食物包装
√ 卫生用品
√ 餐纸类
√ 票据类
√ 坚果壳
√ 木竹类
√ 草席类
√ 脏织物

因这一类生活垃圾中的成分
大量来自植物，故垃圾焚烧
发电的二氧化碳排放量低于
使用化石能源发电。

草席、棕垫、竹编制品等

旧洗碗布、抹布、脏污衣服等

朽木板、旧菜板、木梳等

图 3-96　适合高温焚烧发电的生活垃圾

北京高安屯垃圾焚烧发电厂			
焚烧系统烟气污染物实时监测数据			
2012年11月20日 星期二 11时05分54秒			
项目	排放值(一/二号炉)	地标值	单位
HC1	39.84　13.06	60	mg/Nm3
烟尘	4.63　7.67	30	mg/Nm3
SO2	31.39　15.15	200	mg/Nm3
CO	0.61　0.00	55	mg/Nm3
NOx	171.54　145.42	250	mg/Nm3
不透光率	4.42　3.25	10	%

二恶英采样时间:2012年9月26日
#1炉0.07ngTEQ/m3N; #2炉0.05ngTEQ/m3N

北京高安屯垃圾焚烧发电厂排放的烟气为白色的水蒸气(若烟气为黑色,则表明排放不达标)。

设置在高安屯垃圾焚烧发电厂门口的焚烧系统烟气污染物实时监测数据公示屏幕(摄于2012年)。

说明:①"地标值"即地区环保标准排放限值;②2014年5月环保部和国家质检总局发布了《生活垃圾焚烧污染控制标准》,对二噁英类污染物排放量控制采用国际上最严格的限值0.1纳克毒性当量/米^3(与欧盟标准一致);③1 Nm^{3}为1米^3(一个标准大气压,温度为0摄氏度,相对湿度为0)。

> 餐巾纸、卫生间用纸、尿不湿、狗尿垫、猫砂、烟蒂、污损纸张、干燥剂、污损塑料、尼龙制品、编织袋、防碎气泡膜、大骨头、硬贝壳、毛发、灰土、炉渣、橡皮泥、太空沙、陶瓷花盆、带胶制品、旧毛巾、一次性餐具、镜子、陶瓷制品、竹制品、成分复杂的制品等。

图 3-97 上海市发布的干垃圾说明

(图片来源:"上海发布"网站)

3.5.6　建筑垃圾有用途

家庭中产生的建筑垃圾主要是废陶瓷产品（图3-98），如陶盆、马桶、瓷砖等。工地产生的建筑垃圾常有砖块、瓦片、石块、渣土等。

在中国古代，人们常将碎瓦片、陶片、瓷片、砖头、石块用来铺砌庭院地表，通过镶嵌的方式铺砌在地面上（图3-99），不仅美观，而且能渗水、吸尘、防滑、透气，并且不会影响庭院树木的生长。

在现代工业社会，因废陶瓷的硬度高，常将它们碎化后，填进公路路基或写字楼地基当中。建筑工地产生的废砖块、碎墙体等可用于铺设生态友好型河床（图3-100）与岸体。

建筑垃圾制成的颗粒物还能用于铺设园林小道、停车场的砾石地表。建筑垃圾也是制作透水砖的好材料（图3-101）。为了方便回收利用，建筑垃圾须投放到专用的建筑垃圾收集容器中。

废陶瓷的资源化利用展台
（摄于伦敦科学博物馆）

居民家庭装修时会产生建筑垃圾。通过专业公司服务，得到专放建筑垃圾的容器，进行有偿清运。（摄于德国）

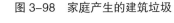

图 3-98　家庭产生的建筑垃圾

图 3-99　用碎瓦片、陶片等铺砌的庭院地面

建筑垃圾的资源化利用实例：

这条建设中的城市河道为河床铺设了大量的石块，这些石块能增加河水的翻动，为河水补充氧气，也能形成石缝保护水生动物的栖息与繁殖。

河床中的石块材料有部分就来自拆除旧房的建筑垃圾，如废砖块、碎墙体等。

图 3-100　利用建筑垃圾铺设的生态友好型河床

利用建筑垃圾制作的透水砖、砾石，能使地表吸收雨水和灰尘，夏季减热，冬季不结冰（图为 2019 北京世园会某公交车接驳站以砾石与透水砖铺设地面的实例）。

2019 北京世园会中一条由砾石铺设的园林小道。

图 3-101　利用建筑垃圾制作的透水砖和砾石铺设地面实例

3.5.7 有害垃圾慎处理

"有害垃圾"（图 3-102）是指对人体健康或自然环境造成直接潜在危害的生活废弃物。如果让它们随普通的生活垃圾一起处理，其中的有害成分会扩散到我们生活的环境中，污染水体、土壤，甚至空气，治理难度较大。家庭产生的有害垃圾主要有废电池、废药品、废油漆、废含汞灯管，它们必须单独投放与清运并进行特殊处理。

2019 年 6 月 14 日，上海市绿化和市容管理局发布了《上海市生活垃圾分类投放指南》，图 3-103 为《上海市生活垃圾分类投放指南》中的关于有害垃圾的图示。

废电池

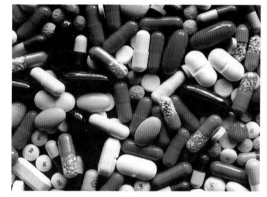

废药品

（图片来源：德国环境部）

废油漆

废含汞灯管（日光灯、节能灯）

图 3-102　有害垃圾

图片来源：《上海市生活垃圾分类投放指南》

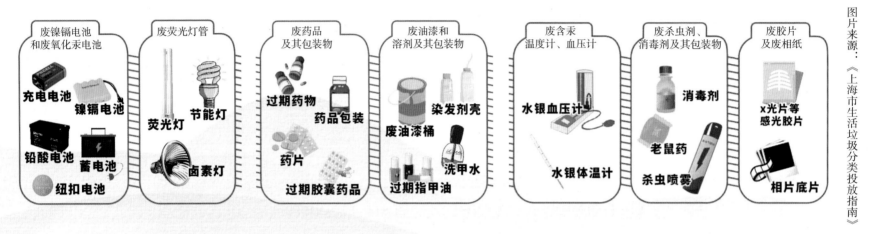

图 3-103 有害垃圾图示

问：有害垃圾如何安全处理？

答：有害垃圾须分别存放，安全收集，然后由有资质的有害废物处理中心进行处理。这样的处理中心能采用化学与物理的方法来中和、分离、固化有害成分，还有专业的高温（温度达 1 100 摄氏度）焚烧设施来分解化学物质。

在有些城市，垃圾焚烧发电厂的温度能达到 850 摄氏度以上。家庭产生的少量过期药物、化妆品可放入塑料袋中，封闭袋口，与可燃垃圾一起焚烧发电处理。

3.6　改善社区与乡村环境

在城市，社区环境是居民的室外活动场所，社区就是居民家外的"家"。社区环境包括居民家门外的过道、窗户、房屋外立面、屋顶、棚架、围墙、地面、庭院等。在乡村，屋外的院落也是农户的家。

判断城市社区管理是否具有保护人体健康与生态环境的意识，可以从四个方面进行考察：①建筑是否积尘纳垢；②雨水是否得到利用；③绿植是否注重乡土；④废物是否回收利用。而在乡村，干净整洁是农户院落管理的基本要求。

城市居民是改善社区环境的重要力量，尤其是退休后闲居在家的居民。在职与上学的居民也愿意在周末或节假日时参与改善社区环境的行动，关键是组织者要学会发现社区环境中有哪些问题，并了解解决这些问题的有效做法。这些做法也可用于改善乡村环境。

↘ 本节内容
3.6.1　净化社区空气
3.6.2　珍惜雨水资源
3.6.3　栽种乡土植物
3.6.4　鼓励废物利用
3.6.5　促进沟通交流
3.6.6　改善乡村环境

3.6.1 净化社区空气

　　积尘污染会严重影响社区的环境面貌与居民健康。社区积尘污染表现为房屋的楼道积尘、窗户积尘、屋顶积尘、棚顶积尘等。此外，社区的绿地裸土、土壤沙化也会增加积尘污染。

　　为了减少社区的积尘污染，居民与管理者都需具有能发现尘源的能力，然后互通信息、相互配合、共同行动，才能治理好社区的积尘污染。

　　问：为何楼道与窗户积尘会影响人体的健康？

　　答：居民楼公共楼道是居民每天的必经之路，老人和孩子的呼吸道抵抗力弱于健康成人，而楼道与窗户的积尘可能会增加空气中可吸入颗粒物的浓度，从而影响居民的健康［图3-104（a）］。

　　问：发达国家是如何管理居民楼公共楼道与窗户清洁的？

　　答：国际上任何环境质量好的城市对居民楼的公共楼道与窗户都有定期打扫的规定。比如在德国，专业公司每几个月就会上门对居民楼公共楼道的窗户进行全面清洁［图3-104（b）］。

　　由于窗户的保洁需要专门的工具、方法和技能，还需要做到节约用水、少用化学品、省时高效等，所以居民楼窗户保洁的工作不能由社区保洁员承担，而应当由专业的保洁公司上门清洁。让这样的专业保洁公司为整个街区的居民楼提供清洁窗户的巡回服务，这一职业也就有了稳定的就业机会。

若居民楼的公共楼道与窗户积尘严重，会影响居民的健康。

（a）居民楼公共楼道与窗户上的积尘

在德国，居民公共楼楼道的窗户由专业的保洁公司定期上门清洁。公共楼道的内墙也有法规要求定期粉刷。这为社会创造了就业机会。

（b）定期清洁玻璃、内墙的居民楼

图3-104　楼道积尘与定期清洁楼道对比

问：在窗台或阳台上堆放杂物有什么危害？

答：在窗台或阳台上堆放杂物［图3-105（a）］易积累空气中的多种颗粒物。当居民开窗通风时，这些颗粒物会随风进入居民家中，影响居民的身体健康。

在窗台或阳台上堆放杂物还会增加火灾隐患。当楼下着火时，窗户上的杂物很容易将下层的火苗引向上层的阳台，甚至引入自家的室内，使火灾面积迅速扩大。若杂物中有塑料类有机化学制品，燃烧时还会生成有害烟雾，从而增加火灾对人体的毒害作用，增加救火与伤员救治的难度，给社区带来难以估算的损失。社区可通过举办居民环境整洁比赛活动，来激发居民清理窗台、阳台的主动性，也可严格要求居民务必清除窗台、阳台上的杂物。还可组织志愿者到有体力困难的家庭，帮助他们清除掉窗台或阳台上的杂物［图3-105（b）］。

（a）社区居民楼窗台上堆放杂物的现象

（b）老旧居民楼经修缮后，外墙干净、窗台无杂物，窗户易保洁，有益于城市面貌与居民健康。

图3-105　堆放杂物的窗台与整洁干净窗台对比

问： 如何能让平屋顶保持清洁？

答： 平屋顶上的积尘和堆放的杂物既影响美观，也会增加空气污染，对社区环境和居民健康极为不利（图 3-106）。

可以尝试利用屋顶绿化（图 3-107）来吸收屋顶上的积尘。屋顶绿化还能增加顶层的隔热功能，夏季降温，冬季保暖，带来节能效果。为了减少水资源消耗，屋顶绿化要选用抗旱能力强的植物，如野草、野花。

在平屋顶上铺砾石（图 3-108），使降落到屋顶的灰尘颗粒能吸入到砾石间的缝隙中，这也能帮助屋顶减少积尘，保持清洁，并能给顶层隔热，达到与屋顶绿化类似的效果。

在平屋顶上栽种植物

图 3-107　绿化后的屋顶

图 3-106　布满积尘和杂物的平屋顶

在平屋顶上铺砾石，能吸收屋顶灰尘颗粒，并能给屋顶保温。

图 3-108　铺满砾石的平屋顶

问：如何避免棚架带来的积尘问题？

答：社区里的遮荫棚架顶部常常会积尘纳垢。有些棚架就在居民家窗户边，当棚架顶部积满了灰尘与污垢时，这些污物会在干燥后飘入居民家中，不利于居民的健康（图3-109）。

有些社区的棚架顶上还堆了杂物，由于有些棚顶是倾斜的，其上的杂物有掉下来的危险，存在伤人的隐患。所以，社区应当及时清除掉脏乱、危险的棚架。

如果社区需要遮阴棚架，可考虑建造植物棚架（图3-110），这样的棚架不容易积尘，安全稳定，遮荫效果好，还能提高社区的绿化覆盖率，净化社区空气。

问：社区如何利用攀缘植物来净化空气？

答：沿着墙体生长的植物称为攀缘植物。这类植物的叶子长得密集，叶面有很强的吸附灰尘等颗粒物的能力。此外，由于攀缘植物叶

社区棚顶上积满灰尘、鸟粪等污垢

图3-109 社区棚架顶部积满污垢

图3-110 社区中的植物棚架

面的遮荫作用，在夏季，墙体不会被阳光晒热，墙体周围的气温较低，这也能给社区环境带来舒适感（图3-111）。

问：如何减少社区的绿地裸土？

答：社区中裸露在外的土地会给地面带来灰尘。在裸土上栽种植物，或者让天然植被自然生长起来，覆盖裸土，地面的灰尘就能减少。

社区院内实体墙的立体绿化能增加美感、净化空气、减少燥热、提高安静度和舒适度。

能给健身处降温，并能净化空气的社区立体绿化墙。

在社区院外临近马路的围墙种攀缘植物能吸收马路上的噪声、空气污染物，并有助于减少城市的热岛效应。

北京某社区居民动手栽种植物覆盖绿地裸土，使地面扬尘大大减少。

图3-111　社区中的攀缘植物

生长茂密的植被还能吸收空气中的污染物，若社区边上有一定高度的植被，对吸收周边道路上的汽车尾气也是有好处的。此外，天然植被形成的生物多样性绿地能给社区居民（尤其是孩子）提供接触和观察自然的机会与乐趣。因此，借助植物的力量，能够很快地营造出一个空气清新、生物多样性丰富、有美感的绿色社区。

问：如何避免绿地土壤的沙化问题？

答：绿地土壤沙化会引起起风扬尘的问题，为土壤增加有机质，就能避免土壤的沙化。遵循自然规律治理土壤沙化应始于深秋——让落叶、枯草留在土壤中，让它们覆盖住土壤表面（图3-112）。

让落叶留在树林地表能增加土壤有机质，有利于益虫和鸟类越冬。落叶分解时可释放多种帮助植物抗寒、耐旱、抗病虫、助生长的物质。

图3-112　被落叶覆盖的土地

不要拔除绿地中的枯草，让草根扎在土壤中，能减少土壤扬尘（图3-113）。有人担心，绿地中的落叶、枯草会引发火灾。其实，落叶、枯草覆盖土壤能减少水分蒸发、为土壤保湿，引发火灾的危险性不大，尤其是在降雨、降雪后，若无降水，可洒水增湿。

最重要的是落叶、枯草是形成腐殖质的主要基质。腐殖质能使土壤形成团粒结构（图3-114），给土壤保温并释放营养物质帮助植物顺利越冬。当土壤形成了团粒结构，就不再是沙化的土壤了。

冬季不毁枯草，有助于保护土壤的水分与生态，减少扬尘。

图 3-113 冬季枯草

降雪、降雨或洒水能促进落叶与枯草的分解，避免火灾。

富含有机质的土壤具有团粒结构，几乎不会在起风时产生扬尘。

图 3-114 富含有机质的土壤

3.6.2　珍惜雨水资源

美好的社区环境离不开绿植，而维护绿植生长需要浇水。如果能充分利用雨水资源来满足社区绿植的生长，这样的社区就是具有节水意识的好社区。

考察社区的节水管理，可以从以下五个方面来观察：

（1）屋顶雨水是否得到利用；

（2）地表径流是否能自然进入绿地；

（3）地面铺砌是否有渗水功能；

（4）一水多用是否已成为用水习惯；

（5）绿地表土是否有减少水分蒸发的覆盖物。

问：如何利用屋顶雨水浇灌绿地？

答：每栋房屋都有 1 个或多个屋顶雨水排放管口。但许多社区管理者尚未注意到这些雨水是社区可以利用的绿地浇灌水源。直接在雨水排放口周边栽种植被，就能很好地改善社区环境并利用好雨水资源。若雨水口离绿地不远，则可设置简易的雨水引流槽，让雨水自行流入绿地中（图 3-115），这样就能减少给绿地浇水的次数。在降水丰沛的地区或季节，可以在雨水排放处设置一个雨水收集容器，储存的雨水有时甚至能满足绿地几个月的浇灌需求（图 3-116）。

将屋顶排放的雨水通过引流槽引导入绿地，可节约浇灌绿地的用水。

图 3-115　雨水引流槽

储存屋顶雨水来浇灌绿地，能充分利用好雨水资源。

图 3-116　雨水收集容器

问：怎样才能让地表径流进入绿地？

答：地表径流主要是指下雨时地面积水形成的水流。若社区道路比周边绿地环境低，雨水则容易汇积在路面（图3-117），给居民出行造成不便。想要让社区路面在下雨时不积水，路面必须建得高于绿地（下凹式绿地，图3-118）。当路面与绿地有围挡时，要在围挡上开凿引流口（图3-119），让地表径流进入绿地被吸收。

问：铺砌渗水地面有什么好处？

答：用透水砖铺砌的渗水地面（图3-120）能消除地面积水，而且雨水渗透入地对社区植物很重要，因为树木和其他植物的根系都需要从地下吸收水分。

由于渗水地面能使降落到地面的雨水直接入地，地下水资源能够得到补充，社区中的树木、灌木类植物不必依赖人工浇灌就能存活。

低于绿地的社区道路易在下雨时产生路面积水，给居民出行造成不便。

图3-117　社区内的低洼路面积水

道路高于绿地能使雨水自行流进绿地，故雨时路面不积水。

图3-118　社区内下凹式绿地道路

引流口

路面与绿地间的引流口，能使地表径流进入绿地。

图3-119　开凿的引流口

图3-120　用透水砖铺砌的渗水地面

问：如何"一水多用"？

答：从图 3-121 中我们可以看到，有大量的水流到马路上，水来自街边的洗车店，而它的旁边却是一片干旱缺水的绿地。如果您的社区有这样的洗车店，请建议他们设法将洗车水引流到绿地中去，这是联合国环境规划署提倡的"一水多用"的做法。

在北京某小区，有一家节水型洗车店。洗车处地面的铁篦子

（图 3-122）能将洗车水收集起来，收集的水经过滤处理后，可再用于洗车，如此循环可达 7 次。这家洗车店的水源是收集的雨水，因此它是一家节水型洗车店。

问：怎样才能减少绿地表土的水蒸发？

答：如果绿地表土裸露在外［图 3-123（a）］，阳光会直射土壤，

街头一洗车店的水直排马路，而旁边绿地的土壤却干旱缺水。

图 3-121 洗车店的水被直排到马路上

北京某社区的节水型洗车店，利用收集的雨水洗车，洗车水可循环利用 7 次。

图 3-122 节水型洗车店

使浇灌到表土上的水很快被蒸发掉。要避免这一问题的发生，绿地表面应长满植被，草的高度应保持在 20 厘米以上［图 3-123（b）］，使阳光不能直射土壤，这样表土就能保持较低的温度，水分的蒸发量就会减少。在夏季，此法减少的水分月蒸发量可达 30 ~ 50 毫米，故能减少

绿地的浇灌用水。此外，把绿地产生的有机质（如落叶、枯草、树枝）直接或粉碎后覆盖在绿地表土上（图 3-124），也能减少水蒸发。这样做不仅能在夏季给绿地表土降温、增加土壤吸收雨水的能力，也能在冬季为绿地表土保温、促进降雪在土壤中融化，从而帮助土壤吸收雪水。

（a）绿地土壤裸露会使浇灌到表土上的水很快被蒸发掉，造成水资源的浪费。

（b）草高保持在 20 厘米以上，能在夏季为表土降温保水，也因草根更长而增强土壤吸收雨水的能力。

图 3-123　表土裸露与植被覆盖对比

某公园用树枝木屑覆盖表土实例

某社区用落叶覆盖绿地表土实例

图 3-124　用有机质覆盖表土能保水

3.6.3 栽种乡土植物

从保护环境的角度来看，社区绿化对绿植的选择要首选乡土植物。一方水土养一方物种，使用乡土植物来绿化环境具有成本低、易存活、少养护、护生态等好处。

社区居民参与社区绿化和植物保护可以做的事很多，概括起来主要有以下五个方面：

（1）保护社区树木；

（2）注重地被植物；

（3）选择乡土物种；

（4）利用天然植被；

（5）参与自助绿化。

问：为何需要居民关注社区树木的健康状况？

答：图 3-125 是某社区花园中的同一棵柳树，在两年内，此树从健康高大变为倒地死亡。要保护好社区树木，栽种树木的地面不能硬化，树坑土壤不能沙化。若发现树干倾斜，社区管理者应及时制作支撑物，否则，树木倒伏很可能对居民造成意外伤害。

问：为何需要地被植物？

答：有些社区的树木下都是裸土［图 3-126（a）］，这些裸土易板结，不能吸收雨水，致使树木生长困难。在树下种植喜阴的地被植物［图 3-126（b）、图 3-127］能解决树下裸土问题。若树下自身长出了

硬化社区花园地面不利于树根呼吸

树下土壤沙化会使树根缺乏水肥

树根死亡后导致树木倒伏

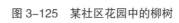
图 3-125 某社区花园中的柳树

喜阴的野生地被植物，只需对其进行修剪即可使树下表土有良好的植被覆盖，这也能增强树下表土为昆虫提供栖息的功能。

问：生态社区应多栽种乡土植物吗？

答：生态社区就应该多栽种一些乡土植物。俗话说："一方水土养一方人。"对这句话稍加修改可变为"一方水土养一方花、草、树木"，而花、草、树木能给昆虫和鸟类提供食物，这就是生态社区的绿化原则。

选择乡土植物能顺应当地的气候、土壤和降水条件，使社区绿化花钱少、效果好、景观美，有特色而且可持续。

我国拥有丰富、多样、美观的乡土植物，它们适应当地的气候条件

北京的青绿苔草覆盖树下裸土的效果

图 3-127　长满地被植物的土地

（a）社区绿地树木下都是裸土的实例

（b）喜阴地被植物能在树下良好生长

图 3-126　裸土地表与有地被植物的树林比较

图 3-128　中国乡土植物实例——多花胡枝子（可观赏，也可药用）

生长。在社区绿化中选用它们，能帮助和保护当地的物种和生态，还可能给居民营造亲切、熟悉、可能有药用植物的园林景观（图3-128）。

问：社区该不该接纳由野花野草组成的天然植被？

答：社区应当改变对天然植被的敌意。半个世纪前，拔除野草是爱国卫生运动要求社区做的事。但拔除野草会导致社区土壤板结，地表水分蒸发，雨水无法吸收，给社区环境带来了诸多问题。今天，人们认识到了植被对提高环境质量的重要作用，社区必须变拔草为护草。对待社区绿地中由野花野草组成的天然植被，社区应采取利用的态度，让其生长在绿地中，为社区降尘、降温、保水、释放氧气，从而在社区中营造出人与自然和谐共存的环境面貌。图3-129是北京社区中天然植被的景观照。

某社区草坪在停止修剪、打药后，自然转变成天然草地。

草地中生长出的野花增加了草地景观，丰富了草地生态。

天然草地引来了蜻蜓、麻雀、蝴蝶等生物，草丛中的蚊子减少。

天然草地提供了让居民喜爱的自然景观。

社区的天然植被能净化社区空气。

社区的天然植被能形成宜人景观。

图3-129　北京社区中天然植被的景观

问：什么是自助绿化？自助绿化有哪些优越性？

答：自助绿化就是让社区居民在社区现有的裸土地上自己动手栽花种草，达到美化环境、增加乐趣、有助健康、促进交流的效果。凡是鼓励居民自助绿化的社区，都能呈现出多样而和谐的社区生活美景。

与社区统一绿化相比，自助绿化有以下优越性：绿化品种多样、绿地维护好、绿化维护开支少、可利用家庭废物与废水、可激励雨水收集、可促进土质改善、可创建多样景观、有助于儿童环境教育等优点。图3-130为北京社区居民自助绿化实例。

北京社区居民在自己动手栽种花草。

北京社区居民自助绿化种出的小花园。

北京石景山某社区居民的自助绿化实例一。

北京石景山某社区居民自助绿化实例二。

北京西城区某社区居民自助绿化的效果。

北京海淀区某社区居民自助绿化的效果。

图3-130　北京社区居民自助绿化实例

3.6.4 鼓励废物利用

社区中产生的废物有三条途径处理：①由环卫部门清运；②由废品回收站回收；③在社区就地利用。

适合社区就地利用的废物与利用方式主要有（图3-131）：

①旧建材用于造庭院；

②废砖块用于铺地面；

③园林废物用于堆肥。

为了净化社区空气，应当使用透水砖将人们经常踩踏的裸土地进行覆盖。如果社区周边有拆房工地，可直接利用拆房时产生的旧砖块

居民家淘汰的旧家具

用旧家具做成的花园门

社区绿地因居民踩踏形成的裸土地

社区拆除旧房时产生的废砖块

用陶罐与废砖块做成的桌与凳

用旧栅栏做成的花园围栏

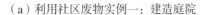

社区居民用旧砖块铺成的渗水地面

（a）利用社区废物实例一：建造庭院　　　　　　　　　　　（b）利用社区废物实例二：废砖块用于铺地

图3-131　社区中废物利用的效果

来铺设社区的裸土地。

发动社区居民义务劳动，利用旧砖块来帮助社区铺好裸土地，往往不用花钱，却能收到很好的效果，而且居民会热情参与。

注意：为了保障铺成的地面有渗水功能，铺地时须用稀泥来固定旧砖块，不能使用水泥。

社区绿地倒伏大树产生的废物

社区公园利用树干做成的凳子

社区拔草产生的杂草垃圾

杂草覆盖树坑能增加土壤肥力及保水能力

社区修剪树木产生的树枝垃圾

树枝粉碎成木屑，可用于给社区儿童活动场地铺设软地表。

秋天产生的落叶垃圾

落叶能在室外堆肥箱中就地堆肥

（c）利用社区废物实例三：倒伏树干与树枝做凳子、木屑　　　　（d）利用社区废物实例四：杂草覆盖树坑、自制落叶堆肥

图 3-131　社区中废物利用的效果

室外堆肥的操作步骤（图 3-132）：

（1）在堆肥箱底部铺上一层干树叶、细碎树枝等；

（2）加入约 10 厘米厚的生物垃圾，然后覆盖一层土壤；

（3）洒水，使堆肥箱中保持 60% 的湿度；

（4）等待堆肥体自然腐熟成为有机肥。

（a）社区室外花园中的落叶堆肥箱

（b）室外堆肥时使用的生物垃圾

（图片来源：德国下萨克森州环境部）

第一阶段（第1周）：细菌和真菌分解蛋白质和糖类，温度上升至40℃，酸度增加。

第二阶段（第2~7周）：真菌和放线菌分解纤维素、果胶和植物油脂，温度升至60~70℃，这能有效地杀灭虫卵、病菌和杂草种子。有机酸被利用，钠、钾、镁、钙被释放，铵与胺被合成，pH得到提高。

第三阶段（7~12周）：微生物活力减退，温度下降至40~45℃，伞菌开始降解木质组分中的木质素，至此微生物分解阶段完成。

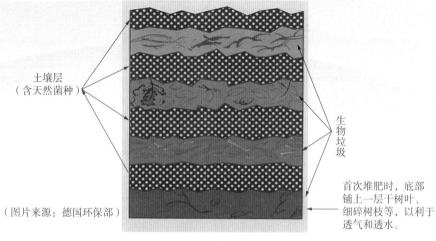

（图片来源：德国环保部）

（c）室外堆肥层

图3-132 室外堆肥箱、生物垃圾与堆肥层

适合室外堆肥的生物垃圾有树叶、杂草、果皮、菜叶、宠物粪便等。堆肥的产物是有机肥。

室外堆肥的四个阶段

室外堆肥的周期一般在26周左右，一共分四个阶段。

（图片来源：德国弗莱堡环保部）

图3-133 花园堆肥得到的稳定腐殖质
（深褐色或黑色、无臭、带有森林泥土香）

第四阶段（13～26周）：堆肥体的温度降至与环境温度等同，酸碱度稳定在pH7（中性）左右。生成的稳定腐殖质呈黑色（图3-133）。堆肥体中会陆续出现以腐殖质为食的土壤动物，如蚯蚓、甲虫等（图3-134）。正是在这些土壤动物的作用下，堆肥完成后才能产生均质而疏松的有机肥。

（资料来源：德国环保部）

特别说明：

（1）适合花园堆肥的生物垃圾主要来自于植物。

（2）动物的蛋壳、毛发可用于花园堆肥。

（3）若有宠物粪便，需先用手纸包好，再投入堆肥箱中，盖上泥土，手纸在堆肥过程中能被降解。

（4）使用洒水壶给堆肥体加水保湿。落叶的含水量为40%～50%，洒水量达到10%～20%即可，新鲜菜叶、果皮的含水量为70%～80%，不必加水。

（5）堆肥的环境温度以15℃以上为好，堆肥体内部会因发酵而产生热量，温度可上升至约60℃，然后自然下降。

（6）堆肥箱中禁止放入塑料、皮革、橡胶、大骨头、化纤、烟蒂、玻璃、金属等不可降解的垃圾。

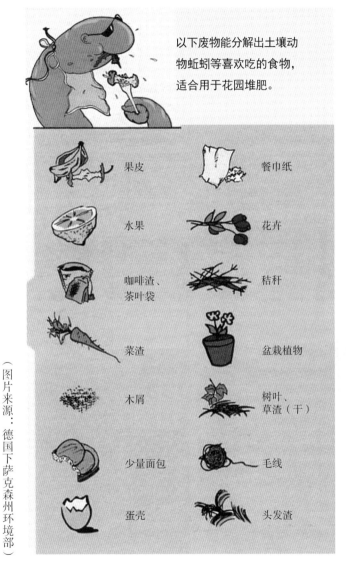

以下废物能分解出土壤动物蚯蚓等喜欢吃的食物，适合用于花园堆肥。

果皮　　　餐巾纸

水果　　　花卉

咖啡渣、茶叶袋　　　秸秆

菜渣　　　盆栽植物

木屑　　　树叶、草渣（干）

少量面包　　　毛线

蛋壳　　　头发渣

（图片来源：德国下萨克森州环境部）

图3-134　土壤动物喜欢吃的食物

3.6.5 促进沟通交流

要提高城市社区的环境质量，最重要的是社区管理者要与社区居民多沟通，用诚恳的态度去倾听社区居民对社区环境问题的意见和建议，并为了解决这些问题向居民征求简单可行的解决方案（尤其是省钱、省力、可持续的做法）。

社区是居民愿意共同关心的大家庭。只要管理者做的事情对社区、对城市、对国家有好处，居民多数都会给予支持。而且，居民们大多都愿意参与到实际工作当中去，至少对自家有好处、自己能做的事，绝大多数居民都乐意去做。

容易受到社区居民欢迎的环保活动有以下形式（图 3-135）：

（1）征集环保建议；

（2）领养社区绿地；

（3）开展环保比赛；

（4）组织环境监督；

（5）辩认环境标志；

（6）建立兴趣小组；

（7）邀请社区周边的单位一起参与社区公益活动。

也许您还有更好的组织居民改善社区环境的方法和思路，那就不要等待，和居民们一起行动起来！

对社区环境保护工作具有很大热情的小学生们应成为社区改善环境管理的点子库和参与活动的积极分子。

开展自助绿化能调动社区老人参与的积极性。图为北京石景山社区一家老人栽种的菊花园。

图 3-135　受社区居民欢迎的环保活动

3.6.6　改善乡村环境

乡村是最容易实现"人与自然和谐共存"美景的地区。与城市相比，乡村地区人少地广，环境容量大，自然物种多，分解污染物与修复生态的能力强。

然而，要维护好乡村的环境质量，保障乡村的环境安全，让乡村的物产与环境始终成为吸引城里人的香饽饽，从而实现"绿水青山就是金山银山"的可持续发展目标，住在乡村的村民必须主动做好以下四个方面的环境管理。

（1）避免使用有害的化学农药

化学农药虽然能消灭病虫害，却易给乡村带来环境污染的问题。一些有机化学农药会在环境中长期残留，它们属于"持久性有机污染物"，这类农药有艾氏剂、氯丹、狄氏剂、异狄氏剂、七氯、灭蚁灵、毒杀酚、滴滴涕等。2001 年，全世界 127 个国家和地区的代表通过了《关于持久性有机污染物的斯德哥尔摩公约》，公约规定：签约国将在 25 年之内停止或限制使用包括上述 8 种农药在内的 12 种持久性有机污染物。

（2）不随意倾倒生活垃圾

在乡村随意倾倒生活垃圾容易造成环境脏乱、水体污染、疾病传播等问题。如果生活垃圾中的塑料进入土壤，则会阻碍农作物的生长。由于在乡村产生的生活垃圾中，易腐垃圾比例高，而乡村的土地始终需要有机肥的补充，故在乡村采用"分布式堆肥"就地处理易腐垃圾最为适合。"分布式堆肥"即指村民在自家院落旁建堆肥垛（图3-136），通过好氧发酵来处理易腐垃圾，获得有机肥。乡村产生的塑料垃圾必须单独存放，交由垃圾收集车辆运走，并集中处理。

图 3-136　乡村农家的堆肥垛（摄于日本）

（3）不露天焚烧秸秆

露天焚烧秸秆会造成严重的空气污染（图 3-137），我国已明令禁止秸秆露天焚烧。

秸秆是生物质能源，1 吨秸秆的能量相当于 0.5 吨标准煤。将秸秆加工成为颗粒（图 3-138）就能作为燃料使用了。秸秆也可粉碎回田，增加土壤的透气性与肥力。

图 3-137 露天焚烧秸秆产生的烟雾

图 3-138 用秸秆等生物质加工成的燃料颗粒

（4）保持庭院干净卫生

因乡村环境中野生小动物与昆虫较多，若庭院内堆满杂物、食物或腐败物暴露在外，鼠类、虫类容易被吸引到庭院中栖息与繁殖。在此过程中，它们可能会向人类传播病原体，使人生病。庭院脏乱也可能使致病性微生物大量扩增，通过空气、触摸等方式进入人体，导致疾病。

环境整洁的乡村庭院（图 3-139）有助于保护村民的健康。

北京某山区农家院门口干净的面貌，黄、绿两桶是垃圾分类桶。

图 3-139 环境整洁的乡村庭院

3.7 出行做个绿色公民

绿色公民有两个特征：一是有环保意识；二是按照环保意识去规范自己的行为。

现在的中国已向全世界开放，如果你要求自己做一名"绿色公民"，你会发现：无论你走到世界的哪个角落，你都能够主动地处理好人与环境的关系，得到当地人的尊重。

在我国的学校教育中，缺乏对学生们在公共场所中的环境保护与卫生行为指导。一旦大家学习掌握了相关的行为规范，任何人都能因践行绿色公民而变得自信、友善、乐观。

3.7.1　选择节能方式出行

节能的出行方式有四种：

（1）公共交通出行；

（2）拼车出行；

（3）自行车出行；

（4）步行。

现代化国家将城市有轨交通（图3-140）确认为是城市公交服务的首选，因为有轨交通具有轨道专一、载客量大的优势。

为了让城市的公交服务能满足人们的出行需求，注重可持续发展的城市应从五个方面进行努力：城市规划、道路设计、公交运行、出行服务、高效节能。

当你出行时选择了城市公交，就是选择了节能的出行方式。

若你要开车出行，拼车也是节能的出行方式。

如果你骑自行车出行，那你的出行就是零能耗。

步行者出行也是零能耗，但距离有限。

有些发达国家在乡村公路旁建有相互分隔的自行车道、步行道（图3-141），为节能出行提供了安全保障。

图3-140　有轨交通

图3-141　乡村公路旁的自行车道、步行道设计实例

3.7.2　消费注重简约环保

简约而环保的消费方式是当今世界低碳、绿色生活的潮流，若您想加入其中，可从以下三个方面开始践行：

（1）减少商家提供的多余物品

1）出门购物时，自备双肩包、单肩包或可多次使用的购物袋；

2）购买蔬菜水果时，自带可多次使用的干净食品袋；

3）到餐馆就餐时，带上可多次使用的打包餐盒；

4）住宿旅馆时，使用自带的牙刷、牙膏、梳子、拖鞋；

5）包装选择可回收或易处理的材料。

（2）购物选择环境友好型产品

1）衣料选择天然纤维或再生纤维；

2）食物青睐有机农产品；

3）装修选择无污染涂料与板材；

4）家电选择节能型电器；

5）卫浴选择节水型用具；

6）车辆选择低排放或电动车。

（3）认识常见的环境友好标志

1）循环再生标志（图 3-142）；

2）中国环境标志（图 3-143）；

3）国家有机产品标志（图 3-144）；

4）中国节能认证标志（图 3-145）；

5）全球环境管理 ISO 14000 体系认证标志（图 3-146）。

（图片来源：image.baidu.com）

图 3-143　中国环境标志

（图片来源：image.baidu.com）

图 3-144　中国有机产品标志

图 3-142　循环再生标志

（图片来源：image.baidu.com）

图 3-145　中国节能认证标志

（图片来源：image.baidu.com）

图 3-146　ISO 14000
环境管理体系认证标志

3.7.3 不向雨箅子排污

路边的雨箅子是将雨水和雪水排向河流的通道，但许多人对此并不了解，常将手中的垃圾扔进雨箅子中（图3-147），甚至让小孩往雨箅子中排便。路边的商店与餐馆也常常会将污水倾倒进雨箅子中（图3-148）。下雨时，雨箅子中的污物会随着地表径流通过雨水管道排入河中（图3-149），导致河水污染（图3-150）。有些雨箅子甚至被汩水类垃圾完全阻塞（图3-151），这可能会产生沼气而引发爆炸。

每个绿色公民都应知晓绝不能将垃圾与污水排进雨箅子，否则，河流污染将无法终止。市政部门要委托有资质的专业公司来收集汩水类垃圾并进行资源化处理，最好的方法是将汩水类垃圾转化为沼气能源（图3-152）。

图3-147　被扔进了垃圾与污物的雨箅子

图3-148　街边餐馆将污水倒入雨箅子

图3-149　雨箅子下的雨水管道直通河流

图3-150　被污染的河水

图3-151　被汩水类垃圾阻塞的雨箅子

图3-152　能将汩水类垃圾转化为能源的沼气站

3.7.4　尊重废品回收者

减少垃圾排放，发展循环经济已经成为全球环境保护与可持续发展的共识。每位绿色公民都会发自内心地支持再生资源回收，并对再生资源回收的工作人员给予充分的尊重——正是因为他们的工作，才使废品有了转化成为再生资源的可能。将可回收物无偿交给废品回收者，就是对他们的工作最好的尊重。

图 3-153 是北京社区常见的再生资源回收模式。这些回收模式对减少城市生活垃圾，促进变废为宝起到了重要作用。只要回收者遵纪守法，能为居民提供方便的回收服务，社区应当容许回收者的存在与服务。

在无再生资源回收点的社区，社区管理者应与有资质的再生资源回收公司联系，让他们提供定期上门的再生资源回收服务。

固定再生资源回收点

上门服务型回收点

图 3-153　社区中再生资源回收模式

3.7.5　旅行垃圾分开投

　　绿色公民在外出旅行时绝不向环境乱扔垃圾，到达机场、车站、旅馆时，他会自觉寻找垃圾投放处，并关注垃圾箱上的分类标识与说明。

　　图 3-154 的 3 个可回收物分类投放桶都有回收标识，但颜色与文字不同，投放者要根据文字提示分别投放纸、易拉罐、塑料瓶；而图 3-155 中有两个垃圾桶，蓝色垃圾桶有回收标识，无文字说明，表示

此桶可以投放所有的可回收物（如纸张、瓶罐），而白色垃圾桶没有任何标识，表示可投放其他垃圾。

　　在没有分类垃圾桶的旅馆房间中，行者应将可回收的报纸与瓶罐放在桌上，由清洁工统一回收，不要扔进垃圾桶里。在有垃圾分类要求的地方，行者要按照废物容器上的文字要求去投放不同的垃圾。

图 3-154　新加坡在机场设置的可回收物分类投放桶

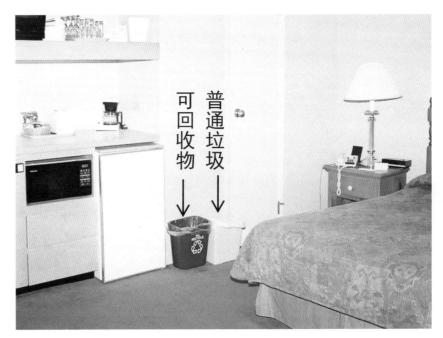

图 3-155　加拿大的旅馆房间有两个垃圾桶，
分投"可回收物"与"其他垃圾"

3.7.6 餐后不留脏餐桌

绿色公民用餐时会注意以下细节（图 3-156）：

（1）在用自助餐时，只取自己能吃完的食物和饮料，用完餐后，留下的只有空盘与空杯。

（2）就餐时，不把食物残渣吐在餐桌上，而是留在自己的餐盘中。

端走餐盘后，留下的是干净餐桌，以便后来的人能愉快入座。

（3）在要求餐后自行送回餐具的餐厅，用完餐后要自己收拾好用过的餐具，送至餐具回收处，并按照分类放置的标识，将餐具放入不同容器中，以减少餐厅工作人员的劳动。

（4）当餐具回收处设有食物残渣收集桶时，只能将食物垃圾投入其中，餐纸类垃圾需投到另外的垃圾桶里，以便分开处理。

自助餐的取食台

非食物垃圾

杯盘收集台上只有空杯盘与非食物垃圾

图 3-156　绿色公民用餐行为（一）

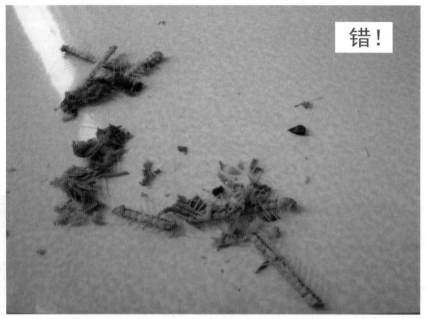

错！

将食物残渣吐在餐桌上，会玷污餐桌卫生，是受人鄙视的错误做法。

对！

食物残渣留在餐盘中，端走餐盘，餐桌保持干净，以便后来者愉快入座。

橡皮圈　纸盒　碗盘　筷勺　餐盘

食物垃圾
（泔水）

一般垃圾

某餐厅的餐具回收处

食物残渣桶中只有食物垃圾，
蒸煮消毒后可作为饲料喂猪。

普通垃圾桶中的废物是可燃垃圾，
可高温焚烧发电，灰渣可用于制砖。

图3-156　绿色公民用餐行为（二）

3.7.7　维护公厕的卫生

　　要维护好公厕的卫生，管理者要注意以下四件事：

　　（1）便池设计要科学。蹲便池的深度与形状要能防止大小便或冲水溢出池外［图3-157（a）］。蹲便池的排水口若是开放式的，则须安装卫生堵臭器（详见本书3.2.7）；

　　（2）给便池配厕刷，并要求如厕者完厕后自己刷净便池，以免排泄物暴露造成病原体传播［图3-157（b）］。

（b）每个卫生间的便池旁要提供厕刷，并要求如厕者完厕后自己刷净便池。

绿色公民如厕要点

入厕要关门，便后要冲水；
厕纸需冲走，棉品裹后扔；
完厕刷净池，文明做到位。

（a）蹲便器的便池深、后部宽大，能避免排泄物与冲水外溢，有利于保持卫生。

（c）保持卫生间门关闭能防苍蝇出入。

图3-157　维护良好的公厕卫生

（3）科学指导如何投放厕所废物，水融性的厕纸必须冲走，不能水融的卫生用品一定要卷裹之后才能投入废物箱中（详见本书3.5.3）；

（4）卫生间的门应保持关闭，以防苍蝇出入［图3-157（c）］。

公厕是人们排泄粪便之处，最容易引发人的肠道病原体（手足口病病毒、诺如病毒、引起腹泻的细菌等）的传播。

便池的排水口有水封闭，能阻隔下水道的臭气上扬，厕所废物箱保持关闭，才符合预防传染病的基本要求。

为保障如厕者洗手时能杀灭手上的病原体，公厕必须提供洗手液。而绿色公民在公厕洗手时，应尽量将双手降至低于水盆沿的高度，以免洗手时水溅到水盆外或地面上。洗完手后，不要将水甩到公厕的地面上，而是快速用擦手纸吸去手上的水滴。如果公厕地面上有水，会增加公厕保洁的难度，大家应当共同来维护良好的公厕环境（图3-158）。

便池下水口有水封，废物箱有盖并保持关闭，
这能减少病原体传播的可能。

洗手液

公厕提供洗手液，洗手水不溅出池外，保持地面干燥，
这样的公厕才符合基本的卫生要求。

给公厕洗手盆上方的水龙头安装花洒式出水口，既不影响洗手效果，
又能节约洗手用水。而且，水流量减少能避免洗手水溅出盆外。

图3-158　良好的公厕环境

3.7.8　咳嗽吐痰纸捂口

痰液中常带有引发传染病的细菌或病毒，所以，痰液不宜暴露在外。有些人将痰吐到灭烟盘中，或垃圾箱上，这样做会引来有公共卫生意识的公众的反感与传染病防控部门的制止（图3-159）。

《家庭医生》一书中写道："开放性肺结核病人的每一毫升痰液里，就有结核杆菌10万个左右。结核杆菌活力很强，在阴暗、潮湿、不见阳光的地方，可以存活七八个月之久。肺结核病人吐在地上的痰干了之后，结核杆菌就会随灰尘飘浮在空气中，健康人吸进了带有肺结核杆菌的空气，就可能得肺结核病，尤其是儿童、少年和体弱者。"

灭烟盘中禁止吐痰

垃圾桶上禁止吐痰

此图摄于新西兰奥克兰国际机场。此机场的每个垃圾桶上都有中文提示"不准吐痰"，英文提示为"不准吐痰，请使用卫生间"。发布者是新西兰检疫局（预防传染病的政府机构）。

图 3-159　痰液不宜暴露在外

绿色公民的吐痰方法是使用随身携带的手帕纸，先用手帕纸捂住口，然后咳痰。这样做能避免咳嗽产生的飞沫影响他人，也能让手帕纸直接接住咳出的痰液。痰液进入手帕纸之后，应迅速将其包裹成团。裹好的纸团投入垃圾箱中才能保障痰液不暴露于环境。

痰液在纸团中也会变干，但其中的病原体因纸的包裹而不会飘逸到空气中。这些垃圾在焚烧发电处理时，病原体就被消灭了。这样做能最大限度地减少痰液中病原体传播的可能性，是公民吐痰、擤鼻涕的行为规范（图3-160）。

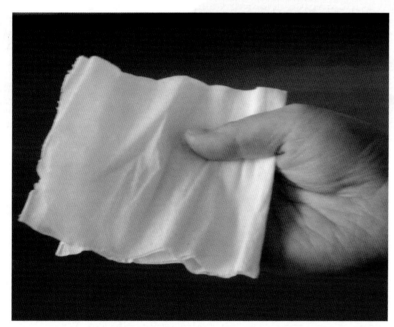

吐痰（擤鼻涕）使用手帕纸或面巾纸捂住口（鼻）。

将痰液（鼻涕）包裹在手帕纸中，然后投入垃圾桶里。此类垃圾属于其他垃圾，可通过焚烧发电处理。

图 3-160　正确的吐痰方法

4

他国城乡环境管理图示

中国是全球环境保护与污染治理的重要参与国。在其他国家的城乡环境中，有哪些简单易行、行之有效的环境管理值得中国参考，这是我国许多管理者和志愿者都希望了解到的知识。在本章中，我们按不同的环境主题挑选了一些图片，供读者获得一些直观的印象。

4.1　植被覆盖

城市中有成片的树林地带（摄于加拿大）

居住区中生长着多种树木（摄于德国）

城市的边坡地有垂直绿化（摄于德国）

居民院的多样绿植可美化街道（摄于英国）

图 4-1　城市植被覆盖实例

4.2　扬尘治理

用树皮块覆盖树下的绿地裸土（摄于加拿大）

用木屑覆盖街边花坛的表土（摄于加拿大）

用砾石覆盖院中停车的地表（摄于加拿大）

让天然植被覆盖坡地的裸土（摄于加拿大）

图 4-2　扬尘治理实例（一）

用木屑覆盖树坑表土（摄于加拿大）

用砾石覆盖石缝中的裸土（摄于加拿大）

用粗砾石铺在平屋顶上吸尘（摄于加拿大）

用浅色细砾石铺在花园地面吸尘（摄于英国）

图 4-2　扬尘治理实例（二）

4.3 水体环境

让城市的河流保留自然的面貌（摄于德国）

公园水边的林地有助于鸟类栖息（摄于英国）

模拟自然的城市河岸能保护水生态并能给市民提供休闲处
（摄于德国）

缓坡形的水岸地带有益于两栖动物的生存与繁衍
（摄于德国）

图4-3　水体生态保护实例

4.4 地面设计

能吸收雨水的海绵式社区停车场（摄于德国）

树坑低于路面能自然接纳雨水（摄于英国）

用砾石铺设停车场能吸收马路径流（摄于英国）

机动车道边的渗水砖缝能吸收雨水（摄于英国）

图4-4 透水地面设计实例

4.5 废物管理

办公室的垃圾分类。带盖的绿色垃圾桶只接纳食物垃圾，桶盖保持关闭，以免异味逸出。由专收食物垃圾的公司上门收集。（摄于加拿大）

社区的垃圾分类收集。小黑桶装的是厨余垃圾，由堆肥厂专门收集。大绿箱装的是纸箱类可回收废物，由再生资源回收公司前来收集。（摄于德国）

社区居民在超市购买黄色回收袋，用于存放有回收标识的商品包装。按照社区指定的时间与地点，居民将回收物送到收集处，以便运走。（摄于德国）

超市门前的回收箱用于投放旧的塑料购物袋。顾客须将清空的干净而干燥的旧购物袋投入箱中，旧袋将用于再造新的塑料购物袋。（摄于加拿大）

图4-5 垃圾分类与废物回收实例（一）

方便居民设置的自助投放各类"可回收物"的露天回收中心
（摄于德国）

回收中心为废纸箱设置的大容量回收容器

回收中心的三类玻璃瓶投放箱分为棕色、绿色、无色

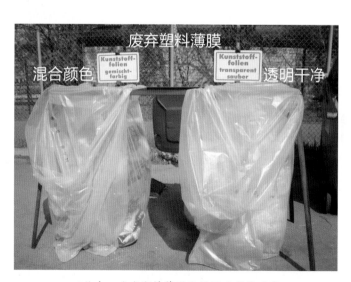

回收中心为废塑料薄膜设置的两类投放袋

图 4-5　垃圾分类与废物回收实例（二）

　　为方便居民分类投放废物，回收中心在每个容器前都立有说明牌（带文字与图示）。居民按照说明牌上的要求，将废物分别放入相应的容器中。这样的回收中心为自助型，全程无人看管，也无偿回收。

图 4-5　垃圾分类与废物回收实例（三）

4.6 自助绿化

居民在自家室外养护的立体绿化（摄于英国）

家庭栽种与天然植被共存的景观（摄于英国）

居民在屋外人行道旁栽种的绿植（摄于英国）

家庭在自家门前种植的花卉（摄于英国）

图 4-6 居民自助绿化环境实例

4.7 生态保护

社区旁保留的天然植被与溪流（摄于加拿大）

居民楼前有野花野草地带（摄于加拿大）

高速路旁的天然植被生长良好（摄于加拿大）

政府办公楼旁有天然植被边坡（摄于加拿大）

图 4-7 天然植被保护实例

4.8 环境教育

公园中的儿童环境教育中心（摄于德国）

供儿童动手劳动和堆肥的实验田（摄于德国）

教育儿童垃圾分类回收的玩具（摄于德国）

给儿童提供观察自然的园地与设备（摄于德国）

图 4-8　儿童环境教育场所实例

4.9 社区面貌

居民楼整洁的外观与阳台绿化（摄于德国）

社区建造的东方园林（摄于德国）

可供踩踏的草地由野草修剪而成（摄于德国）

社区水体边的自然植被与休闲地（摄于德国）

图 4-9　宜居社区环境实例

4.10　家庭旅馆

阳台上种满鲜花的家庭旅馆（摄于德国）

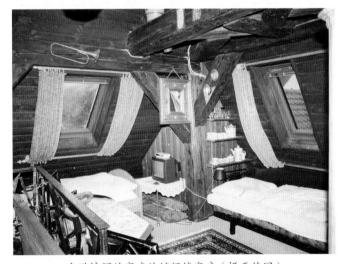

充满情调的家庭旅馆阁楼客房（摄于德国）

家庭旅馆的盥洗处简单、干净，不提供一次性洗漱用品（摄于德国）

图 4-10　家庭旅馆实例

4.11　公交车站

清洁的车站站牌（摄于新加坡）

详细的公交车线路信息（摄于新加坡）

方便投放垃圾的车站废物箱（摄于新加坡）

能挡风遮雨的车站设计（摄于新加坡）

图 4-11　公交车站设施实例

4.12 公厕卫生

公园中的公厕外观（摄于英国）

周边是荷花塘的旅游地厕所（摄于柬埔寨）

节水型卫生间（摄于英国）

接待国际游客的餐馆厕所（摄于柬埔寨）

图 4-12　干净卫生的公厕实例

结束语

　　记住古人的教导：修身、齐家、治国、平天下。只要我们从学习知识、动手实践、从自家做起，宜居而绿色的健康社区将会在中国大地如雨后春笋般地出现。让我们为把中国建设成为美丽、低碳、可持续发展的国家贡献自己的责任和力量！

参考文献

［1］李晓西．联合国《2030 年可持续发展议程》在中国的实施［J］．社会治理，2017，6（16）：27-31.

［2］熊华文．基于投入产出方法的居民消费全流程能耗分析．中国能源，2008（7）.